环境
HUANJING

Environmental

地球

我的家园

吴波◎编著

中国出版集团
现代出版社

图书在版编目（CIP）数据

地球我的家园／吴波编著．—北京：现代出版社，
2012.12（2024.12重印）

（环境保护生活伴我行）

ISBN 978－7－5143－0954－6

Ⅰ．①地… Ⅱ．①吴… Ⅲ．①生态环境－环境保护－
青年读物②生态环境－环境保护－少年读物 Ⅳ．①X171－49

中国版本图书馆 CIP 数据核字（2012）第 275462 号

地球我的家园

编　著	吴　波
责任编辑	李　鹏
出版发行	现代出版社
地　址	北京市朝阳区安外安华里 504 号
邮政编码	100011
电　话	010－64267325　010－64245264（兼传真）
网　址	www.xdcbs.com
电子信箱	xiandai@ cnpitc.com.cn
印　刷	唐山富达印务有限公司
开　本	710mm×1000mm　1/16
印　张	12
版　次	2013 年 1 月第 1 版　2024 年 12 月第 4 次印刷
书　号	ISBN 978－7－5143－0954－6
定　价	57.00 元

前 言

　　人类若要生存，离不开一定条件，而这些条件都是地球母亲提供给我们的，比如供我们呼吸的空气，供我们饮用的淡水等等，这都是地球母亲给予我们的宝贵财富，也就是我们所生存的环境。

　　试想一下，我们每天从早到晚的生活，哪一样离得开大自然呢？我们习以为常的生活必需品都是用大自然中的原料制成的，比如棉花、森林、矿物等，而在它们的生产、加工过程中，往往还需要耗用大量淡水、煤炭或石油等能源，就这样，我们靠环境提供给的一切而生活着。假如大自然一旦停止了原料的供给，人类就将失去生存条件。

　　作为地球的主宰，人类的活动对整个环境的影响是不容忽视的，而环境系统也是从各个方面反作用于人类。与其他的生物不同，人类不仅仅以自己的生存为目的来影响环境，而是为了提高生存质量，通过各种方法来改造环境。在漫长的岁月里，农业文明、工业文明先后出现，使人类社会进入了更高的阶段，而也为此付出了沉重的代价——人类生存的环境遭到严重破坏：绿色植物减少，稀有动物灭种，大气污染，河流污染，资源锐减，水土流失，生态失衡而旱涝灾害、火山、地震等灾害也变本加厉地威胁人类的生存。

　　如今，全世界的人口已突破70亿大关，人口的疯狂增长使得我们赖以生存的地球环境变得越来越坏了，于是人们希望能在地球以外的宇宙空间找到适宜人类居住的其他星球，幻想着有朝一日到别的星球上去居住。虽然现代科学技术的发展，为人类的这些幻想提供了物质基础，人类还发射了宇宙飞船和探测器，去寻求地球之外的生命和能使人类居住的其他星球。但是，和其他星球一比就会发现，地球所提供给人类的生存环境的确得天独厚。地球上冷热变化不大，有水，有氧气，有多种动植物，有矿藏，有一切宜于人类生存的基本条件和可供人类使用的自然资源。可以说，地球是人类的摇篮，是人类的母亲，是人类的家园，是人类目前唯一的生存环境。

因此，为了使人类以及地球上的其他生物免受由人类自身不合理的活动而带来的灭顶之灾，我们发出呐喊：关心我们身外世界，合理开发利用资源，保护我们的生存环境，已经迫在眉睫，势在必行！

目 录

地球的馈赠

生态环境与生态平衡 …………………………………………… 1

人类的好朋友——植物 ………………………………………… 6

离不开的大气环境 ……………………………………………… 13

无所不在的水环境 ……………………………………………… 17

地球的骨骼——山地环境 ……………………………………… 23

"生命的摇篮"——湿地环境 ………………………………… 29

多样性的生物 …………………………………………………… 33

自然环境对人类的威胁

恐怖的自然灾害 ………………………………………………… 38

洪涝灾害 ………………………………………………………… 42

干旱灾害 ………………………………………………………… 47

气象灾害 ………………………………………………………… 51

海洋灾害 ………………………………………………………… 60

地质灾害 ………………………………………………………… 66

森林火灾 ………………………………………………………… 73

自然灾害后的疫病 ……………………………………………… 78

人类——环境破坏的罪魁祸首

人口剧增的压力 …………………………………… 87

工业化的代价 ……………………………………… 90

战争对环境的危害 ………………………………… 95

并非完全安全的核能 ……………………………… 100

大气污染 …………………………………………… 106

噪声污染 …………………………………………… 112

土壤的生化污染 …………………………………… 116

光污染 ……………………………………………… 119

室内污染 …………………………………………… 126

环境保护与治理

破坏环境的结果 …………………………………… 132

保护环境，迫在眉睫 ……………………………… 136

制定环境保护节日 ………………………………… 142

人和生物圈计划 …………………………………… 147

加大绿化程度 ……………………………………… 155

新能源的开发 ……………………………………… 160

物种的保护 ………………………………………… 165

环保企业的兴起 …………………………………… 169

越来越普及的低碳生活 …………………………… 173

环保行动，从我做起 ……………………………… 177

地球的馈赠

DIQIU DE KUIZENG

　　"大漠孤烟直，长河落日圆"、"飞流直下三千尺，疑是银河落九天"，优美的自然风光给我们人类提供了精神、心理上的享受，让人们在工作累了的时候能够漫步于草林之中，流连于湖光山色之间，消除一身的疲劳，也让古今许多名人隐士愿意长久隐居山林，陶醉在美好的世界里。

　　然而，也许你没有想到，大自然不仅带给我们美好的精神享受，更是集水、空气、森林、土地、动植物等环境资源于一身，是值得我们珍惜和保护的独具特色的宝贵资源，它给我们提供所必须的生活和生产资料，为人类的发展提供了物质基础，更是我们赖以生存的环境。

生态环境与生态平衡

　　生态环境是指由生物群落及非生物自然因素组成的各种生态系统所构成的整体，主要或完全由自然因素形成，并间接地、潜在地、长远地对人类的生存和发展产生影响。生态环境的破坏，最终会导致人类生活环境的恶化。

　　在地球生物圈中，有很多很多种生物。关于物种的数量还没有明确答案，众说不一。

　　科学家们已经发现并命名的生物有 100 万种。有人说地球上有 500 万种生物，但又有人报告，光亚马孙河流域的原始森林中，就可能有800万种生物，由此，估计全球现存的物种大约有1000万种。还有一些科学家认为全球有3700万种生物。如果追算已经灭绝的物种，地球从其诞生之日至今共约出现过5亿~10亿种生物。

这些生物都必须存在于一定的环境中，如一片森林，一块草原，一条河流。人们把某一种生物所有个体的总和叫做"种群"，把生活在某一特定区域内由种群组成的整体叫"群落"，群落与它相互作用的环境合起来就是生态系统。

所以说，生态系统是指一定时间内存在于一定空间范围内的所有生物与其周围环境所构成的一个整体。

例如，一片森林就是一个生态系统。森林中有狼有虎，有鹿有兔，有松有柏，有花有草，还有各种微生物。狼有狼的种群，鹿有鹿的种群，也就是说各种动物都有各自的种群；松有松的种群，花有花的种群，即各种植物有各自的种群；各种微生物也有各自的种群。所有

亚马孙河流域原始森林

的动物种群、植物种群和微生物种群合起来构成群落，群落中的所有生物和环境合起来就构成森林生态系统。

不光森林，草原、沙漠、湖泊、海洋、农田、城市都是生态系统，整个地球生物圈也是一个大的生态系统。

任何生态系统都是由生物因素和非生物因素两部分组成。非生物部分包括阳光、空气、水分、土壤等各种物理的和化学的因素；生物部分又可分为

生产者、消费者和分解者 3 类。

生产者是指绿色植物，包括草、树、庄稼、藻类，它们能够吸收空气中的二氧化碳，汲取土壤中的水分和矿物营养元素，借助太阳光能来合成有机物，并提供给其他生物。

消费者是指各种动物和人。它们和他们自己不会由太阳光合成有机物，只靠吃生产者为主。

分解者是细菌和酶，它们把生态系统中消费者和生产者的尸体分解成水、二氧化碳和营养元素，还给大气和土壤，再供生产者使用。

地球上的生态系统的分类很多，如可以简单地分为陆地生态系统和水域生态系统。陆地生态系统又可分为森林生态系统、农田生态系统、荒漠生态系统、草原生态系统以及冻原生态系统等等。水域生态系统又可分为海洋生态系统和淡水生态系统。

草原生态环境

1942 年，美国学者林德曼发现了生态系统中食物链的规律：在自然界中，老鹰只能吃到大约 $\frac{1}{10}$ 的蛇，蛇只能吃到大约 $\frac{1}{10}$ 的青蛙……田鼠和蝗虫也只能吃到大约 $\frac{1}{10}$ 的绿色植物，即就是高级食肉动物只能消费大约 $\frac{1}{10}$ 的中级食肉动物，中级食肉动物只能消费大约$\frac{1}{10}$的初级食肉动物……食草动物只能消费大约$\frac{1}{10}$的绿色植物。这个规律被叫做"十分之一定律"。

如果按照这个规律，把营养级依序由低向高排列，逐渐成比例地变小，画成一幅图，仿佛一个埃及金字塔。因此，该定律又被称为"能量金字塔定律"。

在各种生态系统中，每一种群的数量必然要受到"十分之一定律"的约束，也就是说，各种生物的数量符合能量金字塔定律，生态系统才能保持稳定，这就是生态平衡状态。

换句话说，在一个正常的生态系统中，能量流动和物质循环总是不断地进行着，但在一定时期内，生产者、消费者和分解者之间都保持着一种动态的平衡，这种平衡表现为生物种类和数量的相对稳定，这种平衡状态就叫生态平衡。

生态平衡状态既微妙又脆弱，如果把这种平衡打破，比如由于自然的或人为的原因使某种生物物种的数量急剧膨胀或缩小，造成生态系统不能遵循"十分之一定律"，常常会带来灾难性的后果，有时整个生态系统将被摧毁。

在地球大生态系统中，人处于食物链的顶端。按照能量金字塔定律，人的数量也不能无限制地膨胀，否则，就可能打破地球生态平衡，使整个地球生态系统遭受巨大的破坏。

急剧膨胀的人口

所以，人类只有主动控制人口增长速度，才能保护好地球生态系统，才能保护我们人类生存和发展的环境。

➡️ **知识点**

酶

酶，早期是指在酵母中的意思，指由生物体内活细胞产生的一种生物催化剂。大多数由蛋白质组成，能在机体中十分温和的条件下，高效率地催化各种生物化学反应，促进生物体的新陈代谢。

生命活动中的消化、吸收、呼吸、运动和生殖都是酶促反应过程。酶是细胞赖以生存的基础。细胞新陈代谢包括的所有化学反应几乎都是在酶的催化下进行的。

生物体由细胞构成，每个细胞由于酶的存在才表现出种种生命活动，体内的新陈代谢才能进行。酶是人体内新陈代谢的催化剂，只有酶存在，人体内才能进行各项生化反应。人体内酶越多，越完整，其生命就越健康。当人体内没有了活性酶，生命也就结束。人类的疾病，大多数均与酶缺乏或合成障碍有关。

🌸 **延伸阅读**

我国人口问题及政策

自 1949 年新中国成立到 2005 年的 56 年间，我国人口从 54 167 万人，增加到 130 756 万人，净增加 76 589 万人，增长 1.41 倍。

半个多世纪以来，我国人口增长出现 3 次高峰。第 1 次是 1951 年到 1958 年，7 年共增加人口 10 798 万人，平均每年净增长人口 1500 多万；第 2 次是 1963 年～1976 年，13 年新增加人口 21 921 万人，平均每年增加人口 1702 万人，特别是文化大革命期间，平均每年增加人口都在 2000 万左右；第 3 次是 1985 年～1991 年，6 年共新增加人口近 1 亿，平均每年净增加 1600 万。56 年间，平均每年净增加人口约 1367 万人。

自从我国开始推行计划生育政策以来，经过 30 年的奋斗，有效地控制了人口的过快增长。1970 年，我国妇女总和生育率为 5.8。20 世纪 90 年代以来，妇女总和生育率稳定在 1.8 左右，比 30 年前一对夫妇平均少生了 4 个孩子。

30 多年来，我国共少出生 4 亿多人，使世界人口达到 60 亿推迟了 4 年。现阶段，我国人口已成功由"高出生、低死亡、高增长"转向"低出生、低死亡、低增长"。这不能不说中国在控制人口增长方面做出了成绩。

2006 年，国务院决定，在稳定现行计划生育政策的同时，由各省市自行规定生育政策，这是因为我国地域辽阔，经济发展人口密度有很大差异。

如：北京、上海、天津、江苏、四川实行一对夫妇只生一个孩子；海南、云南、青海、宁夏、新疆实行农村可以生育两个孩子，西藏等部分人口较少的少数民族地区，允许生育两个以上孩子；有 19 个省规定，在农村，如果第一胎是女孩，允许再生一个孩子。

人类的好朋友——植物

我们不但和植物是"好朋友"，而且我们每天都离不开它。可以说，我们是靠植物生活的，没有植物就没有生命，我们人类就不能生存。为什么要这样说呢？

蔬 菜

我们人类生活离不开吃、喝、穿。吃的有大米、白面、玉米，这些是农作物，可它是属于植物一类呀。蔬菜、水果照样是植物类。喝的各种天然饮料，都是从植物果实中提取的。穿的衣服，有的也是植物纤维。也有的人问：我们吃的猪肉、鸡、鸭、鱼蛋这些可不是植物呀？可你忘了，它们可是吃植物饲料长大的，没有饲料它们能长大吗，我们又能吃到它们的肉吗？

我们生病了，要吃药，要知道许多药都是从植物中提取的，像治痢疾的黄连、有滋补作用的人参等。

我们住的房子，是用木材做的，还有家具、学习用具、炊具等等。木材还可以建桥梁、枕木等，这是谁都知道的。

绿色财富森林

覆盖在大地上的郁郁葱葱的森林，是自然界拥有的一笔巨大而又最可珍贵的"绿色财富"。

人类的祖先最初就是生活在森林里的。他们靠采集野果、捕捉鸟兽为食，用树叶、兽皮做衣，在树枝上架巢做屋。森林是人类的老家，人类是从这里起源和发展起来的。

直到今天，森林仍然为我们提供着生产和生活所必需的各种资源。估计世界上有 3 亿人以森林为家，靠森林谋生。

森林提供包括果子、种子、坚果、根茎、块茎、菌类等各种食物，泰国的某些林业地区，60% 的粮食取自森林。森林灌木丛中的动物还给人们提供肉食和动物蛋白。

木材的用途很广，造房子，开矿山，修铁路，架桥梁，造纸，做家具……森林为数百万人提供了就业机会。其他的林产品也丰富多彩，松脂、栲胶、虫蜡、香料等等，都是轻工业的原料。

我国和印度使用药用植物已有 5000 年的历史，今天世界上大多数的药材仍旧依靠植物和森林取得。在发达国家，1/4 药品中的活性配料来自药用植物。

薪柴是一些发展中国家的主要燃料。世界上约有 20 亿人靠木柴和木炭做饭。像布隆迪、不丹等一些国家，90% 以上的能源靠森林提供。

不妨说，森林就像大自然的"调度师"，它调节着自然界中空气和水的循环，影响着气候的变化，保护着土壤不受风雨的侵犯，减轻环境污染给人们带来的危害。

森林不愧是"地球之肺"，每一棵树都是一个氧气发生器和二氧化碳吸收器。一棵椴树一天能吸收 16 千克二氧化碳，150 公顷杨、柳、槐等阔叶林一天可产生 100 吨氧气。城市居民如果平均每人占有 10 平方米树木或 25 平方米草地，他们呼出的二氧化碳就有了去处，所需要的氧气也有了来源。

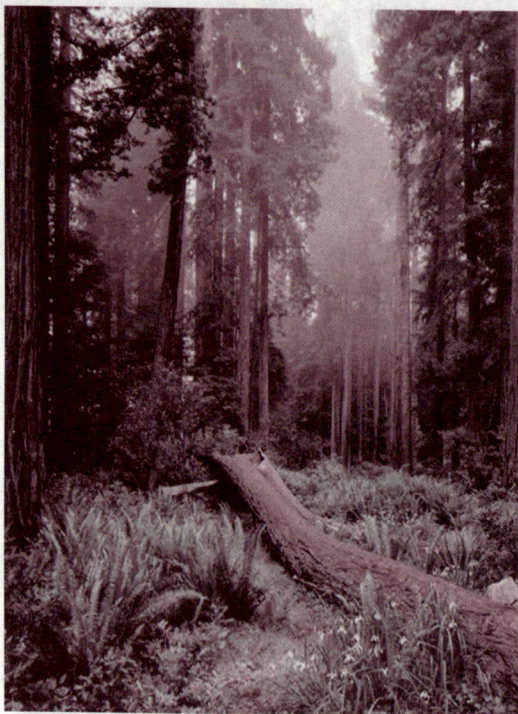
森 林

森林能涵养水源，在水的自然循环中发挥重要的作用。"青山长在，碧水长流"，树总是同水联系在一起。降水的雨水，一部分被树冠截留，大部分落到树下的枯枝败叶和疏松多孔的林地土壤里被蓄留起来，有的被林中植物根系吸收，有的通过蒸发返回大气。1 公顷森林一年能蒸发 8000 吨水，使林区空气湿润，降水增加，冬暖夏凉，这样它又起到了调节气候的作用。

森林能防风固沙，制止水土流失。狂风吹来，它用树身树冠挡住去路，降低风速，树根又长又密，抓住土壤，不让大风吹走。大雨降落到森林里，渗入土壤深层和岩石缝隙，以地下水的形式缓缓流出，冲不走土壤。据非洲肯尼亚的记录，当年降雨量为 500 毫米时，农垦地的泥沙流失量是林区的 100 倍，牧地的泥沙流失量是林区的 3000 倍。我们不是要制止沙漠化和水土流失吗，最有效的帮手就是森林。

森林的益处

1. 改善空气质量；
2. 缓解"热岛效应"；

3. 减少泥沙流失；

4. 涵养水源；

5. 减少风沙危害；

6. 丰富生物品种；

7. 增加景点景区；

8. 带动种苗、花卉产业；

9. 减轻噪音污染；

10. 优化投资环境；

11. 美化自然环境；

防护林

绿色植物是天然"氧气制造厂"

呼吸是人生命的第一需要。一个大人一天要呼吸 2 万次。如果一个人几天不吃，不喝水，还可生存，但是几分钟不呼吸就可以停止生命。不但人离不开空气当中的氧气，就连各种动物、植物本身也离不开。仅仅依靠空气当中的氧气是不够的。那么是谁制造了这么多的氧气呢？原来是植物，人们称植物是天然"氧气制造厂"。

地球上，只有植物能制造氧气。我们人类是吸进氧气，呼出二氧化碳。二氧化碳被绿色植物吃掉，绿色植物又吐出新鲜的氧气，供我们呼吸。植物就是这样和我们默契配合。例如，一公顷阔叶林，在生长季节每天能制造出氧气 750 千克，吃掉二氧化碳 1000 千克。地球上的植物是天然"氧气制造厂"。绿色植物是我们生命的源泉，我们要多植树造林，为人类造福。

绿色植物是净化污水的能手

随着人类的文明进步，科学技术的日新月异，世界经济的高速发展，人类一面获得了巨大财富，另一方面也带来了严重的环境污染。其中水污染的情况十分严重。

江河湖泊的水体一旦受到污染，将直接影响工业和农业生产并最终危害人体健康。污水中含有的有害金属和有毒化合物，如铅、汞、铜、镍和氯化物、有机氮、有机氯等，一旦被人食用就会造成慢性中毒。另外，人类的许多疾病也可通过被污染的水而传染。据世界卫生组织统计，在所有已知的疾病中，约有80%都通过污水传染。

实践证明，治理河流、湖泊的污染需要付出巨大的代价和经过长期的努力。例如，美国治理芝加河污染，花费了长达70多年的时间，耗费了6亿美元的巨资。

净化污水有多种途径和方法，利用植物来净化污水，是较为经济有效的方法之一。那么，植物为何能净化污水呢？这是因为植物在生长发育过程中，需要不断地吸收水分和溶解在水中的营养物质，这样污染物质也就被植物吸收到体内，这些物质有的被植物利用，有的富集在植物体内，从而大大减少了水中的污染物质，使污染的水质得到改善和净化。

藻类植物小球藻，是净化污水中氮、磷等元素的"能手"。将它放养在含有机质特别是含氮较多的污水中，在适宜的温度和光照条件下，它繁殖速度很快，一昼夜它的数目可几倍甚至几十倍地增加。小球藻在繁殖生长过程中将污水中的氮、磷及其他的污染物吸收到体内，在48小时后，便可将污水净化得可用于灌溉农田。

科学家还发现，一些水生和沼生植物如水葫芦、水浮莲、菱角、水风信子、芦苇和蒲草等，能从污水中吸收金、银、汞、铅等重金属，可用来净化水中有害金属。据测定，1公顷水葫芦，1天内可从污水中吸收银1.25千克；吸收金、铅、镍、汞等有毒金属2.175千克。1公顷水浮莲，每4天就可从污水中吸收1.125千克的汞。这样不仅净化了污水，而且还从污水中回收了一些贵重金属，真是一举两得。我国某地曾放养水葫芦3公顷，在半年时间里净化污水5000万吨。

芦苇对污水中的磷酸盐、有机氮、氨和氯化物等具有很强的吸收能力。据测定，将芦苇

水葫芦

栽种在含有上述物质的污水试验池中，经过一段时间后，水体中的磷酸盐、有机氮、氨和氯化物，分别减少 20%、60%、66% 和 90%。因此，人们用芦苇来净化被污染的河流和湖泊，水质得到很大的改善，收效十分明显。

植物还能分泌出一些特殊的化学物质，与水中的污染物质发生化学反应，将有害物质变有无害物质。一些植物所分泌的化学物质具有杀菌作用，使污水中的细菌大大减少。比如，芦苇和泽泻具有较强的杀菌能力，把这两种植物种植在每毫升水含有 600 万个细菌的污水中，12 天后每毫升水中只剩下 10 万个细菌。水葱、水生薄荷和大蓟具有更强的杀菌本领，将它们种植在每毫升含有 600 万个细菌的污水池中，2 天后水中的大肠杆菌全部被杀死。国外有的城市制备自来水时，就利用水葱来杀菌。氯气消毒后的河水从水葱丛中流过，就将水中的大肠杆菌全部消灭，使水质达到饮用标准。

科学家还通过试验测定，将污水在藕田和稻田里分别停留 7 天～8 和 5 天～7 天后，水体中的细菌总量分别降低 99.1% 和 98%。可见藕和稻对污水具有很强的净化作用。

如今，世界上的有些国家已开创了利用植物大规模地净化污水的先例。美国圣地亚哥市

水 葱

建成了大规模的水生植物的净化污水示范工程；丹麦利用海莴苣净化受污染浅水湾收到了很好的效果；我国利用放养水葫芦来净化太湖水，也明显起到了改善水质的作用。

作为净化污水的能手，植物越来越受到人们的青睐。

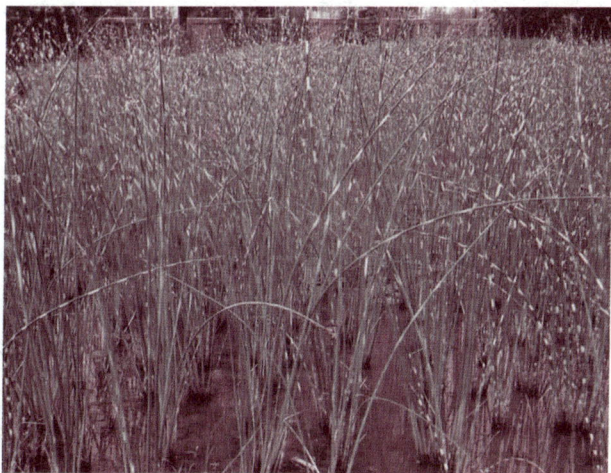

知识点

阔叶林

阔叶林，由阔叶树种组成的森林称阔叶林，有冬季落叶的落叶阔叶林（又称夏绿林）和四季常绿的副热带常绿阔叶林（又称照叶林）两种类型。阔叶林的组成树种繁多，它除生产木材外，还可生产木本粮油、干鲜果品、橡胶、紫胶、栲胶、生漆、五倍子、白蜡、软木、药材等产品；壳斗科许多树种的叶片还可喂饲柞蚕；另外，蜜源阔叶树也很丰富，可以开发利用。

延伸阅读

植物与绿化

在规划园林绿地时，应根据植物的生物学特性，给以科学地、有机地、合理搭配。栽植成各种类型的植物群落，使它达到既绿化又美化的理想效果。

城市绿地系统是城市生态环境建设的核心内容。园林植物种类选择与配置，决定城市绿地系统生态效益与综合功能是否充分、有效发挥。

园林观赏植物的常用分类方法有以下几种。

乔木类：树高5米以上，有明显发达的主干，分枝点高。

灌木类：树体矮小，无明显主干。

藤本类：茎细弱不能直立，需借助吸盘、吸附根、卷须、蔓条及干茎本身的缠绕性而攀附他物向上生长之蔓性树。

竹类：属禾本科竹亚科，根据地下茎和地面生长情况又可分为3类。单轴散生型，如毛竹、紫竹、斑竹等；合轴丛生型，如凤尾竹、佛肚竹等；复轴混生型，如茶秆竹、苦竹、箬竹等。

草坪是指人工建造和护理的绿化美化草地，多为由矮性禾本科或莎草科多年生草本植物组成的致密似毡的植物群体。地被植物是指像被子一样覆盖在裸露地面上的低矮植物，其植物体所形成的枝叶层紧密地与地面相接，对地面起着良好的保护和装饰作用。园林绿地中的地被植物，有的是人工种植的，但也有不少是自繁能力较强的野生种。从广义的概念讲，草坪也属于地被植物的范畴。

离不开的大气环境

包围地球的空气称为大气。像鱼类生活在水中一样，我们人类生活在地球大气的底部，并且一刻也离不开大气。大气为地球生命的繁衍，人类的发展，提供了理想的环境。它的状态和变化，时时处处影响到人类的活动与生存。

大气的物理特性主要包括空气的温度、湿度、风速、气压和降水，这一切均由太阳辐射这一原动力引起。

化学特性则主要为空气的化学组成：大气对流层中氮、氧、氢3种气体占99.96%，二氧化碳约占0.03%，还有一些微量杂质及含量变化较大的水汽。

人类生活或工农业生产排出的氨、二氧化硫、一氧化碳、氮化物与氟化物等有害气体可改变原有空气的组成，并引起污染，造成全球气候变化，破坏生态平衡。

大气环境和人类生存密切相关，大气环境的每一个因素几乎都可影响到人类，所以我们要爱护自然，为子孙后代留下一个优美的环境。

气压是单位面积上受到周围气体垂直加诸于其上的力量，他取决于行星的重力和在地区上组合的空气柱的总质量。根据国际认可的标准大气气压单位定义是101325帕。

气压随着大气高度而变化，这是因为空气本身是具有重量的，而地球对物质又具有引力作用，且中心距离越近，引力也越大。所以大气愈接近场面愈密集，愈向高空愈稀薄，气压也随着气温的变化而变化，这是因为气体具有热胀冷缩作用，气温低，气体收缩，密度增加，气压增大，相反，气温高，气体膨胀，密度减小，所以气压也减小。

DIQIU WO DE JIAYUAN

最初的大气结构一般认为与在行星形成所在地点的太阳星云有着一样的化学成分和温度，而内部的气体随后逃逸。这些原始的大气层随着时间的过去而逐渐地演变，因行星各自不同的特性造成非常不同的结果。金星和火星的行星大气主要的组成是二氧化碳，还有少量的氮、氩、氧和可追踪的其他气体。地球的大气层主要由生活在其中生物产生的副产品来改造。地球大气层包含大约（以体积计算）78.08%的氮和20.95%的氧，数量易变（平均为0.247%，全球大气研究中心）的水蒸气、0.93%的氩、0.038%的二氧化碳，和微踪的氢、氦以及其他的"惰性气体"。

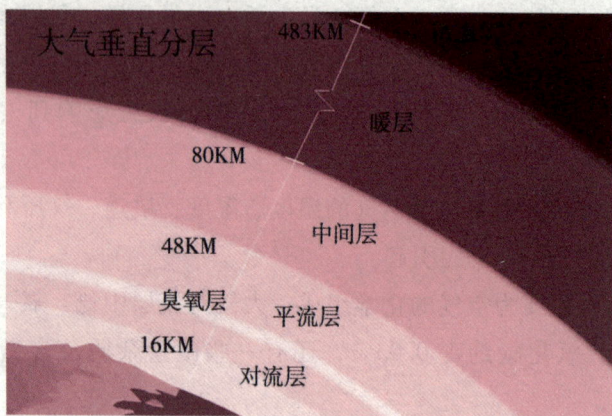

大气垂直分层

地球大气层包括，从地面往上，对流层（包括行星的边界层或最底层的大气）、同温层、中气层（散逸层）、热成层（增温层，包含电离层和外逸层），还有磁层。每一层有不同的气温，定义出温度随着高度的变化率。3/4的大气层在对流层内，并且这一层的厚度有很大的变化，在赤道的厚度达到17千米，在极区的厚度仅有7千米。臭氧层，吸收来自太阳紫外线的能量，主要位于同温层，高度在15—35千米。卡门线的位置在热成层内，高度100千米处，通常被作为地球大气层和太空的分界线。但是外逸层的高度可以从距离地表500千米延伸至1000千米，并在该处与行星的磁层互动。

1. 为地球上的生物提供充足的氧气。

2. 大气层中的臭氧层吸收了绝大多数紫外线，避免地球上的生物受到强紫外线的伤害。

3. 形成云降雨，是地球水循环的重要环节，水是地球任何生物都需要的。

4. 大气层有缓冲作用，避免地球表面温度变化过于剧烈，过冷，过热导致地球生物的死亡。

大气是地球上有生命物质的源泉。通过生物的光合作用（从大气中吸收二氧化碳，放出氧气，制造有机质），进行氧和二氧化碳的物质循环，并维持着生物的生命活动，所以没有大气就没有生物，没有生物也就没有今日的世界。地球表面的水，通过蒸发进入大气，水汽在大气中凝结以降水的形式降落地表。这个水的循环过程往复不止，所以地球上始终有水存在。如果没有大气，地球上的水就会蒸发掉，变成一个像月球那样的干燥星球。没有水分，自然界就没有生机，也就没有当今世界。

大气层又保护着地球的"体温"，使地表的热量不易散失，同时通过大气的流动和热量交换，使地表的温度得到调节。

大气的水热状况，可以影响一个地区的气候的基本特征，进而决定该地区的水文特点、地貌类型、土壤发育和生物类型，从而对地球

干燥的月球表面

表面的整个自然环境的演化进程起着重要作用。

大气中含有细微的岩屑和水汽，而地壳岩石中和水体中也有空气存在，它们是互相渗透和互相影响的。大气中的氧和碳酸气，大气的湿度变化以及风雨等，都直接作用于地表的岩石，所以大气的活动对地壳岩石的形成和破坏均有影响。

知识点

太阳辐射

　　太阳辐射是指太阳向宇宙空间发射的电磁波和粒子流。地球所接受到的太阳辐射能量仅为太阳向宇宙空间放射的总辐射能量的二十亿分之一，但却是地球大气运动的主要能量源泉。

　　太阳辐射通过大气，一部分到达地面，称为直接太阳辐射；另一部分为大气的分子、大气中的微尘、水汽等吸收、散射和反射。被散射的太阳辐射一部分返回宇宙空间，另一部分到达地面，到达地面的这部分称为散射太阳辐射。到达地面的散射太阳辐射和直接太阳辐射之和称为总辐射。

延伸阅读

大气运动与风的形成

　　大气为什么会运动？是什么力量驱使它运动的呢？原因是错综复杂的。

　　水平的风，垂直的升降气流，不规则的乱流运动，都各有其复杂的成因。这里先就风的成因谈起吧。

　　自从17世纪出现了气压表，指出空气有重量因而有压力这个事实以后，为人们寻找风的奥秘提供了开窍的钥匙。

　　19世纪初，有人根据各地气压与风的观测资料，画出了第一张气压与风的分布图。这种图不仅显示了风从气压高的区域吹向气压低的区域，而且还指明了风的行进路线并不直接从高气压区吹向低气压区，而是一个向右偏斜的角度。

　　一百多年来，人们抓住气压与风的关系这一条从实践中得来的线索，进一步深入探究，总结出一套比较完整的关于风的理论。风朝什么地方吹？为什么风有时候刮起来特别迅猛有劲，而有时候却懒散无力，销声匿迹？这完全是由气压高低、气温冷暖等大气内部矛盾运动的客观规律在支配着的。人们不仅用这种规律来解释风的起因，而且还用这些规律来预测风的行踪。

地球上任何地方都在吸收太阳的热量，但是由于地面每个部位受热的不均匀性，空气的冷暖程度就不一样，于是，暖空气膨胀变轻后上升；冷空气冷却变重后下降，这样冷暖空气便产生流动，形成了风。

无所不在的水环境

水环境是指自然界中水的形成、分布和转化所处空间的环境，是指围绕人群空间及可直接或间接影响人类生活和发展的水体，其正常功能的各种自然因素和有关的社会因素的总体。也有的指相对稳定的、以陆地为边界的天然水域所处空间的环境。

在地球表面，水体面积约占地球表面积的71%。水是由海洋水和陆地水二部分组成，分别与总水量的97.28%和2.72%。后者所占总量比例很小，且所处空间的环境十分复杂。

水在地球上处于不断循环的动态平衡状态。天然水的基本化学成分和含量，反映了它在不同自然环境循环过程中的原始物理化学性质，是研究水环境中元素存在、迁移和转化和环境质量（或污染程度）与水质评价的基本依据。

冰 川

水环境主要由地表水环境和地下水环境两部分组成。地表水环境包括河流、湖泊、水库、海洋、池塘、沼泽、冰川等，地下水环境包括泉水、浅层地下水、深层地下水等。

水环境是构成环境的基本要素之一，是人类社会赖以生存和发展的重要场所，也是受人类干扰和破坏最严重的领域。水环境的污染和破坏已成为当今世界主要的环境问题之一。

地球上连成一片的海和洋的总水域，包括海水、溶解和悬浮于水中的物质、海底沉积物，以及生活于海洋中的生物。因此海洋环境是一个非常复杂的系统。

人类并不生活在海洋上，但海洋却是人类消费和生产所不可缺少的物质和能量的源泉。随着科学和技术的发展，人类开发海洋资源的规模越来越大，对海洋的依赖程度越来越高，同时海洋对人类的影响也日益增大。

在古代，人类只能在沿海捕鱼、制盐和航行，主要是向海洋索取食物。到现代，人类不仅在近海捕鱼，还发展了远洋渔业；不仅捕捞鱼类，而且还发展了各种海产养殖业；不仅在沿岸制盐，还发展了海洋采矿事业，如在海上开采石油。此外，还开发了海水中各种可用的能源，如利用潮汐发电等。

海上开采石油

海洋现在已成为人类生产活动非常频繁的区域。20世纪中叶以来，海洋事业发展极为迅速，现在已有近百个国家在海上进行石油和天然气的钻探和开采；每年通过海洋运输的石油超过20亿吨；每年从海洋捕获的鱼、贝近1亿吨。随着海洋事业的发展，海洋环境亦受到人类活动的影响和污染。

目前，海洋环境研究工作的主要任务之一，是探索保护海洋生态系统的途径和方法。

世界上的海和洋都相互沟通，连成一片，称为世界大洋，总面积约 3.61 亿平方千米，占地球总面积 70.8%。

海洋对人类和生物界的形成和发展起着巨大的作用。在大气圈中的臭氧层尚未完全形成以前，地球上的生命唯有在海水中才能避免紫外线辐射的伤害。

海洋是地球上水循环的起点，海水受热蒸发，水蒸汽升到空中，再被气流带到陆地上来，使陆地上有降水和径流。陆地上有了水，生物才得到发展。

海洋对地球上的气候起着调节作用，使气温变化缓和。所以说，海洋环境对陆地环境的形成也起着决定性的作用。

湖泊环境是指地表洼地积水形成的水面宽阔水体的空间环境。由湖盆、湖水和水中所含各种物质（有机质、无机质、生物体等）共同组成。

湖泊环境的特点是水流缓慢，不与大洋直接联系。湖泊环境对调节河流水量、改善区域水热状况等有着重要意义。湖泊环境面临的主要问题有填湖造地、泥砂沉积引起湖泊面积缩小以及湖泊水质富营养化等问题。

河流环境是指河水所流经的空间环境，包括河床、漫滩、阶地、水体及水中所含各种物质（有机质、无机质和生物体）。河流的水量、水质和悬浮物质成分及含量都取决于河流环境，与其所流经的地质、地理环境密切相关。如长江流域位于多雨的亚热带和温带地区，水量丰富。黄河流经干旱——半

湖　泊

干旱的黄土高原，水量较少，且含大量泥沙，成为世界上含沙量最高的河流。

由于受人类活动的影响，原始的河流环境受到严重破坏，引起河流流域内发生水土流失、泥石流、滑坡等地质灾害以及水污染等环境问题。因此保护和治理河流环境已成为当务之急。

地下水是存在于地表以下岩（土）层空隙中的各种不同形式水的统称。

地下水主要来源于大气降水和地表水的渗入补给；同时以地下渗流方式补给河流、湖泊和沼泽，或直接注入海洋；上层土壤中的水分则以蒸发或被植物根系吸收后再散发入空中，回归大气，从而积极地参与了地球上的水循环过程，以及地球上发生的溶蚀、滑坡、土壤盐碱化等过程，所以地下水系统是自然界水循环大系统的重要亚系统。

按起源不同，可将地下水分为渗入水、凝结水、初生水和埋藏水。

渗入水：降水渗入地下形成渗入水。

降　水

凝结水：水汽凝结形成的地下水称为凝结水。当地面的温度低于空气的温度时，空气中的水汽便要进入土壤和岩石的空隙中，在颗粒和岩石表面凝结形成地下水。

初生水：既不是降水渗入，也不是水汽凝结形成的，而是由岩浆中分离出来的气体冷凝形成，这种水是岩浆作用的结果，成为初生水。

埋藏水：与沉积物同时生成或海水渗入到原生沉积物的孔隙中而形成的地下水成为埋藏水。

按含水层性质分类，可分为孔隙水、裂隙水、岩溶水。

孔隙水：疏松岩石孔隙中的水。孔隙水是储存于第四系松散沉积物及第三系少数胶结不良的沉积物的孔隙中的地下水。沉积物形成时期的沉积环境对于沉积物的特征影响很大，使其空间几何形态、物质成分、粒度以及分选程度等均具有不同的特点。

裂隙水：赋存于坚硬、半坚硬基岩裂隙中的重力水。裂隙水的埋藏和分布具有不均一性和一定的方向性；含水层的形态多种多样；明显受地质构造的因素的控制；水动力条件比较复杂。

岩溶水：赋存于岩溶空隙中的水。水量丰富而分布不均匀，在不均匀之中又有相对均匀的地段；含水系统中多重含水介质并存，既有具统一水位面的含水网络，又具有相对孤立的管道流；既有向排泄区的运动，又有导水通道与蓄水网络之间的互相补排运动；水质水量动态受岩溶发育程度的控制，在强烈发育区，动态变化大，对大气降水或地表水的补给响应快；岩溶水既是赋存于溶孔、溶隙、溶洞中的水，又是改造其赋存环境的动力，不断促进含水空间的演化。

按埋藏条件不同，可分为上层滞水、潜水、承压水。

上层滞水：埋藏在离地表不深、包气带中局部隔水层之上的重力水。一般分布不广，呈季节性变化，雨季出现，干旱季节消失，其动态变化与气候、水文因素的变化密切相关。

潜水：埋藏在地表以下、第一个稳定隔水层以上、具有自由水面的重力水。潜水在自然界中分布很广，一般埋藏在第四纪松散沉积物的孔隙及坚硬基岩风化壳的裂隙、溶洞内。

承压水：埋藏并充满两个稳定隔水层之间的含水层中的重力水。承压水受静水压；补给区与分布区不一致；动态变化不显著；承压水不具有潜水那样的自由水面，所以它的运动方式不是在重力作用下的自由流动，而是在静水压力的作用下，以水交替的形式进行运动。

地下水作为地球上重要的水体，与人类社会有着密切的关系。地下水的贮存有如在地下形成一个巨大的水库，以其稳定的供水条件、良好的水质，而成为农业灌溉、工矿企业以及城市生活用水的重要水源，成为人类社会必不可少的重要水资源，尤其是在地表缺水的干旱、半干旱地区，地下水常常成为当地的主要供水水源。

据不完全统计，20世纪70年代以色列国75%以上的用水依靠地下水供给，德国的许多城市供水，亦主要依靠地下水；法国的地下水开采量，要占到全国总用水量1/3左右；像美国，日本等地表水资源比较丰富的国家，地下水亦要占到全国总用水量的20%左右。我国地下水的开采利用量约占全国总用水量的10%—15%，其中北方各省区由于地表水资源不足，地下水开采利用量大。

知识点

降　水

　　地面从大气中获得的水汽凝结物，总称为降水，它包括两部分，一是大气中水汽直接在地面或地物表面及低空的凝结物，如霜、露、雾和雾淞，又称为水平降水；另一部分是由空中降落到地面上的水汽凝结物，如雨、雪、霰雹和雨淞等，又称为垂直降水。人工降雨是根据降水形成的原理，人为的向云中播撒催化剂促使云滴迅速凝结、合并增大，形成降水。

延伸阅读

世界淡水资源现状

　　陆地上的淡水资源储量只占地球上水体总量的 2.53%，其中固体冰川约占淡水总储量的 68.69%。主要分布在两极地区，人类在目前的技术水平下，还难以利用。液体形式的淡水水体，绝大部分是深层地下水，开采利用的也很小。

　　目前人类比较容易利用的淡水资源，主要是河流水、淡水湖泊水以及浅层地下水，储量约占全球淡水总储量的 0.3%，只占全球总储水量的十万分之七。全世界真正有效利用的淡水资源每年约有 9000 立方千米。

　　从各大洲水资源的分布来看，年径流量亚洲最多，其次为南美洲、北美洲、非洲、欧洲、大洋洲。从人均径流量的角度看，全世界河流径流总量按人平均，每人约合 10 000 立方米。在各大洲中，大洋洲人均径流量最多，其次为南美洲、北美洲、非洲、欧洲、亚洲。

　　我国水资源总量为 2.8 万亿立方米。其中地表水 2.7 万亿立方米，地下水 0.83 万亿立方米，由于地表水与地下水相互转换、互为补给，扣除两者重复计算量 0.73 万亿立方米，与河川径流不重复的地下水资源量约为

0.1 万亿立方米。

按照国际公认的标准，人均水资源低于 3000 立方米为轻度缺水；人均水资源低于 2000 立方米为中度缺水；人均水资源低于 1000 立方米为重度缺水；人均水资源低于 500 立方米为极度缺水。

我国目前有 16 个省（区、市）人均水资源量（不包括过境水）低于严重缺水线，有 6 个省、区（宁夏、河北、山东、河南、山西、江苏）人均水资源量低于 500 立方米，为极度缺水地区。

我国水资源分布的主要特点是：

总量并不丰富，人均占有量更低。我国水资源总量居世界第 6 位，人均占有量为 2240 立方米，约为世界人均的 1/4，在世界银行连续统计的 153 个国家中居第 88 位。

地区分布不均，水土资源不相匹配。长江流域及其以南地区国土面积只占全国的 36.5%，其水资源量占全国的 81%；淮河流域及其以北地区的国土面积占全国的 63.5%，其水资源量仅占全国水资源总量的 19%。

年内年际分配不匀，旱涝灾害频繁。大部分地区年内连续 4 个月降水量占全年的 70% 以上，连续丰水或连续枯水较为常见。

地球的骨骼——山地环境

山地是世界陆地的主要组成部分，也是陆地的主要地貌骨架，其面积占整个陆地的 30%。

山地的表面形态奇特多样，有的彼此平行，绵延数千米；有的相互重叠，犬牙交错，山里套山，山外有山，连绵不断。

山地的规模大小也不同，按山的高度分，可分为高山、中山和低山。海拔在 3500 米以上的称为高山，海拔在 1000 米～3500 米的称为中山，海拔低于 1000 米的称为低山。

按山的成因又可分为褶皱山、断层山、褶皱—断层山、火山、侵蚀山等。褶皱山是地壳中的岩层受到水平方向的力的挤压，向上弯曲拱起而形成的。断层山是岩层在受到垂直方向上的力，使岩层发生断裂，然后再被抬升而形成的。喜马拉雅山是典型的褶皱山，江西的庐山是断层山，天山山脉属于褶皱—断层山。

庐　山

全球有两大山带：环太平洋山带和阿尔卑斯—喜马拉雅—印度尼西亚山带。这两条山带是中生代至新生代形成的褶皱带，全球的主要山地都集中在这两大山带上。

山地不限于单纯的地貌学概念，而且还是一种特殊的自然和经济综合体。在山地，热量和水分条件随海拔高度增加而发生变化，从而引起植被、土壤的垂直分布变化，农业生产方式也因此而变化。高大的山体或高原对大气环流产生屏障作用，山地不同的坡向可以形成不同的自然景观或不同的垂直带谱。

世界上许多高大山系不仅是自然地理的界线，而且是重要的农业界线。山地地区人口虽仅占世界人口的10%，但是依赖山地资源生活的人口却占世界人口的30%～40%。山地具有丰富的动植物资源和矿产资源，正在被人类大规模地开发和利用。

山地的自然风景和空气清新的山地气候是重要的旅游资源，大多数自然保护区位于具有代表性的自然生态系统或珍稀动物、植物种属的山地地区。

山地系统与地理分异密切相关，高山控制大的地貌格局，低山影响局地地理特征。据不完全统计，全球大的山系有14个，对全球地理格局具有重大影响，而我国青藏高原山系最具全球影响或区域控制性。喜马拉雅山脉与南极和北极共同成为地球的三极，对全球的气候格局与地域分异起着支配作用。

在亚洲：喜马拉雅山脉极大地改变了东亚地理格局与气候格局，是山地垂直地带性与纬度地带性、经度地带性相互交叉的地域综合体，也是长江、恒河等大河的发源地，成为亚洲大陆的"水塔"；在欧洲：阿尔卑斯山脉成为中欧温带大陆性湿润气候和南欧亚热带气候的分界线，发源了多瑙河、莱茵河等世界名河；在美洲：洛基山脉是美洲科迪勒拉山系在北美的主干，被称为北美洲的"脊骨"，几乎所有河流都发源于此，最大河流为密西西比河；在南美洲：安第斯山脉是陆地上最长的山脉，发育了世界上流量最大、流域面积最广的河流——亚马孙河。

喜马拉雅山

很显然，山地系统的空间结构导致全球尺度与区域尺度、流域尺度的地理分异。仅就我国山地系统与地理格局的关系而言，喜马拉雅造山运动导致青藏高原山脉群的形成，不仅塑造了我国三大阶梯地势格局，还相应地形成了东部季风区、西北干旱区和青藏高寒区三大自然区域，奠定了我国生态地理大格局。

山地之所以成为大江大河的发源地，主要缘于山地是空中水汽汇聚的中心，世界上降水最多的地方基本上都与山地有关，即地形抬升造成的所谓"地形雨"。

降水的基本规律是山区多于平原。在高寒的山地大面积分布着冰川。山地冰川成为江河发源地，没有山地就不会形成复杂的水系。澳大利亚因缺乏高山的抬升作用，导致四面环海的澳洲中部极度的干旱，而日本岛国，因有富士山的存在，使其降水充沛，河湖体系发育。所以，山地是水系发育的根基。

富士山

山地系统复杂多样的生境条件创造了生灵万物的存在与神奇，形成了生物多样性的宝库或物种基因库。仅以植物为例，我国维管束植物有353科，3184属，27 150种，其中约90%分布在山区。再如山地大省云南有陆栖脊椎动物126科502属1252种，占全国陆栖脊椎动物种数的58%。丰富的药用植物资源也绝大多数生长在山区。

山地形态、地理环境和植被状况对其表层水土演变过程具有明显的控制作用。山地在气候、生物、水流作用下，其表层物质经过风化、剥蚀/侵蚀、搬运和沉积，塑造了广阔平原。而山地径流过程对以土壤为主的表层物质迁移起到了主导搬运作用，山地至平原构成了陆地表层动能与物质平衡过程的共轭关系，体现在流域侵蚀与河流水沙输移特征与规律中。

山地的地理界面、生态界面和环境界面相互作用和彼此影响，形成了千差万别的地理生态格局，在不同的尺度情形下，表现出不同的作用和效应。如山体的坡向、走向、峰岭和沟谷，不同空间尺度组合有不同的效应，并在景观上、生物多样性上和生态健康水平上，深刻表现出多种差异和空间尺度的级联效应。

山地表层碎屑物质在重力和水流作用下运动，不断改变陆地表层形态与物质组成。由于多重动力作用于山地，又使其过程的剧烈性造成自然灾害，如坡面侵蚀、滑坡、泥石流、山洪等。山地特殊的地质地貌和气候条件，控制着陆地表层时空变化的过程，决定了其他环境与生态过程的方向和规模。

山地是人类文明的发祥地，也是多民族文化诞生与发展的根基。山地更是支撑未来人类生存的生态与环境基石。

全球气候变化对山地系统造成了最直接的影响，南北两极和青藏高原的冰盖与冰川短时间急剧融化与退缩，已成世界科学家关注的焦点，警示气候变化可能带来的全球性危机或灾难。

南极大陆

不言而喻，极地是对全球环境变化响应最敏感区域，其变化也深刻影响着地球系统的整体变化，许多未知领域亟待加强深入系统的研究，以期为人类可持续生存与发展提供科学对策依据。

知识点

大气环流

大气环流是大气大范围运动的状态，某一大范围的地区（如欧亚地区、半球、全球），某一大气层次（如对流层、平流层、中层、整个大气圈）在一个长时期（如月、季、年、多年）的大气运动的平均状态或某一个时段（如一周、梅雨期间）的大气运动的变化过程都可以称为大气环流。

大气环流主要表现为，全球尺度的东西风带、三圈环流（哈得莱环流、费雷尔环流和极地环流）、定常分布的平均槽脊、高空急流以及西风带中的大型扰动等。

大气环流既是地—气系统进行热量、水分、角动量等物理量交换以及能量交换的重要机制，也是这些物理量的输送、平衡和转换的重要结果。太阳辐射在地球表面的非均匀分布是大气环流的原动力。

大气环流构成了全球大气运动的基本形势，是全球气候特征和大范围天气形势的主导因子，也是各种尺度天气系统活动的背景。

延伸阅读

山地的气候特点

1. 随高度上升，太阳辐射穿过的大气层减少而增加辐射值。而且向阳面的辐射多于背阴面。

2. 气温随高度增加而降低。每上升 100 米，夏季温度下降 0.5℃～0.7℃；冬季约降 0.3℃～0.5℃。

3. 气温日变化和年变化在山顶和山坡都比较缓和，且有秋温高于春温的趋势；在山谷与盆地这两种变化较剧烈，且春温高于秋温。

4. 雨量和雨日一般随高度增加，如黄山、泰山，每上升百米，年降水增加约 30 毫米，雨日增加 2.4 天。在一定高度以上，由于气流中含水较少，降水量随高度增加而减少。降水量达到最大值的高度，叫最大降水高度。

5. 迎风坡降水量明显多于背风坡。而且山谷、盆地多夜雨。

6. 风速随高度增加而增大。山顶、山脊和峡谷风速大，盆地、谷地风速小。山地还有山谷风与焚风现象。

"生命的摇篮"——湿地环境

湿地的定义有多种。公认的是：不问其为天然或人工、长久或暂时性的沼泽地、泥炭地或水域地带、静止或流动、淡水、半咸水、咸水体，包括低潮时水深不超过 6 米的水域。

湿地包括多种类型，珊瑚礁、滩涂、红树林、湖泊、河流、河口、沼泽、水库、池塘、水稻田等都属于湿地。它们共同的特点是其表面常年或经常覆盖着水或充满了水，是介于陆地和水体之间的过渡带。

湿地是地球上生物多样性丰富和生产力较高的生态系统。湿地在抵御洪水、调节径流、控制污染、调节气候、美化环境等方面起到重要作用，它既是陆地上的天然蓄水库，又是众多野生动植物资源，特别是珍稀水禽的繁殖和越冬地，它可以给人类提供水和食物。湿地与人类息息相关，是人类拥有的宝贵资源，因此湿地被称为"生命的摇篮"、"地球之肾"和"鸟类的乐园"。

沼泽

我国湿地类型多样、分布很广，总面积在 6500 万公顷以上。从寒带到热带，从沿海到内陆，从平原到高山，都有湿地的分布。

湿地是水陆相互作用形成的独特生态系统，它具有季节或常年积水、生长和栖息喜湿植物、动物和土壤发生潜育化 3 个基本特征。

湿地因具有巨大的环境功能和环境效益，被誉为地球之肾，也是自然界最富生物多样性的生态景观和人类最重要的生存环境之一，尤其是在抵御洪水、调节径流、蓄洪防旱、控制污染等方面具有其他系统所不能替代的作用，受到了世界范围内的广泛关注。从湿地在 1998 年松嫩特大洪灾中的特殊意义，我们更加认识到了湿地的作用重大。

从减少洪灾损失的需要出发，充分挥湿地的削减流量、滞后洪峰的功能。湿地土壤具有特殊的水文物理性质，湿地是一个巨大的生物蓄水库。洪水被储存于湿地土壤中，或以表面水的形式保存在湿地中，直接减少了下游的洪水量。

湿地植被也可减缓洪水流速，因此避免了所有洪水在同一时间到达下游，这个过程减低了下游洪峰的水位，并使之平稳缓慢下泄，延长洪水在陆地存留时间。洪水可以在数天、数星期或几个月的时间里从储存湿地释放出来，一部分则在流动过程中通过蒸发而提高了局地空气湿度，一部分下渗补充地下水而增加地下水储量。这就使湿地具有分配均化河川径流的作用。

洪水泛滥

从水资源系统和水量平衡出发，应有效利用湿地的蓄纳储水功能。水资源系统是时空密切联系的动态系统，水量平衡是区域水资源持续利用的重要保证。

我国属于缺水国家，因此，必须改变防洪筑堤束水的传统观念，树立利用湿地储水、供水以及重复高效利用水资源的新观念。

从水资源系统和区域水量平衡出发，明确洪水治理的排蓄结合，以蓄为主的方针，充分利用湿地具有的拦蓄径流，蓄聚水分的功能，留出一定的洪泛空间，将大部分洪水和径流积蓄在湿地里，既可以跨年度供水，也可以通过蒸发增加当地空气湿度，下渗以扩大地下水容量，实现水资源的时空有效分配，为社会经济和环境可持续发展提供水源保障。

湿地对生物多样性保护的重要作用。湿地是由于具有景观、环境高度异质性，还是众多野生动植物栖息、繁衍的基地。

我国湿地分布广泛，每年约有 200 个种的数百万只迁徙水禽在此中转停歇和栖息繁殖。亚洲 57 种濒危水禽中，在我国湿地就发现了 31 种。全世界鹤类有 15 种，我国湿地就占 9 种。同时，我国湿地还养育着许多珍稀的两栖类和鱼类特有种。

湿地可以为某些物种，特别是某些植物种完成其生命循环提供所需的生境。有些物种可能依赖湿地完成其复杂生命循环的一部分，如鱼和虾需借助湿地完成产卵并度过幼年期。因此，保护湿地，不仅保护了大自然对洪水的调节功能，还保护了生物的栖息地。从维护湿地区域生态环境出发，充分利用了湿地具有的环境调节功能。

湿地可影响地方小气候。湿地的蒸腾作用可保持当地的

丹顶鹤

湿度和降雨量。湿地产生的晨雾可减少周围土壤水分的丧失。如果湿地被破坏，当地的降雨量就会减少，对当地的农业生产和人民生活产生不利影响。上游的湿地还可以地表水或地下水的形式作为下游湿地或农田的水分来源。

从环境健康角度出发，要善于利用湿地的污染控制功能。沼泽类湿地和洪泛湿地因有助于减缓水流速度，具有滞留沉积物的功能。有些有毒物质和营养物质附着在沉积物颗粒上，当水中的悬浮物沉降下来后，有毒物或营养物也随之沉降下来，湿地江河的水质得以净化。这就有益于当地和下游地区保持良好的水质，防止河道淤积变浅，又可以补充土壤养分，促进地方农业生产的发展。水中营养物随沉积物沉降之后，通过湿地植物吸收，经过化学和生物学过程转换而被储藏起来，再从湿地收获生物量，这些营养物质又会以产品的形式从湿地系统中排除出去。

从满足人口增长和经济繁荣需要出发，提倡合理利用湿地资源。天然湿地是具有极高的生物生产力的生态系统，其生产力甚至超过最集约经营的农

冷杉

业生产系统。从湿地产品中获得的效益，就单位土地而言，比其他生境（包括湿地排干后形成的生境）要高得多。

湿地内的天然产品包括泥炭、木材、水果、蔬菜、肉类（鱼和鸟）、芦苇、树脂和药材等等。湿地中的冷杉、落叶松、赤杨都是很好的木材。

湿地中药用植物有200余种，含有各种葡萄糖、糖苷、鞣质、生物碱、乙醚油和其他生物活性物质。发挥湿地的调节河川径流、均化洪水过过程、调节气候、净化水质、改善土壤条件的功能。

知识点

泥 炭

泥炭又称为草炭或是泥煤，是煤化程度最低的煤，是煤最原始的状态。随着周围环境的转变，如压力的加大，可以使泥炭变得更加坚固，使之成为无烟炭。泥炭按不同分解程度的、松软的植物残体堆积物，其有机质含量占30%以上。

泥炭是煤的前身，也是腐殖煤系列的第一个成员，有的也称泥煤或草炭，是在泥炭沼泽中堆积的。泥炭形成以后，在上覆沉积物的压力及进一步菌解条件下，经过压紧和脱水变为褐煤。当褐煤继续受到地下温度和压力作用时，经煤化作用形成烟煤、无烟煤。

延伸阅读

世界湿地日主题

为了提高人们保护湿地的意识，1996 年 3 月《湿地公约》常务委员会第 19 次会议决定，从 1997 年起，将每年的 2 月 2 日定为"世界湿地日"。每年开展纪念活动，每年有一个主题。从 1997 年以来历年湿地日的主题如下：

1997 年世界湿地日的主题：湿地是生命之源

1998 年世界湿地日的主题：湿地之水，水之湿地

1999 年世界湿地日的主题：人与湿地，息息相关

2000 年世界湿地日的主题：珍惜我们共同的国际重要湿地

2001 年世界湿地日的主题：湿地世界——有待探索的世界

2002 年世界湿地日的主题：湿地：水、生命和文化

2003 年世界湿地日的主题：没有湿地，就没有水

2004 年世界湿地日的主题：从高山到海洋，湿地在为人类服务

2005 年世界湿地日的主题：湿地生物多样性和文化多样性

2006 年世界湿地日的主题：湿地与减贫

2007 年世界湿地日的主题：湿地与鱼类

2008 年世界湿地日的主题：健康的湿地，健康的人类

2009 年世界湿地日的主题：从上游到下游，湿地连着你和我

2010 年世界湿地日的主题：湿地、生物多样性与气候变化

2011 年世界湿地日的主题：湿地与森林

多样性的生物

生物多样性，是指一定范围内多种多样活的有机体（动物、植物、微生物）有规律地结合所构成稳定的生态综合体。这种多样包括动物、植物、微生物的物种多样性，物种的遗传与变异的多样性及生态系统的多样性。其中，物种的多样性是生物多样性的关键，它既体现了生物之间及环境之间的复杂

关系，又体现了生物资源的丰富性。

我们目前已经知道大约有 200 万种生物，这些形形色色的生物物种就构成了生物物种的多样性。

生物多样性是生物及其与环境形成的生态复合体以及与此相关的各种生态过程的总和，由遗传（基因）多样性，物种多样性和生态系统多样性等部分组成。

遗传（基因）多样性是指生物体内决定性状的遗传因子及其组合的多样性。物种多样性是生物多样性在物种上的表现形式，可分为区域物种多样性和群落物种（生态）多样性。

生态系统多样性是指生物圈内生境、生物群落和生态过程的多样性。遗传（基因）多样性和物种多样性是生物多样性研究的基础，生态系统多样性是生物多样性研究的重点。

生物多样性是人类社会赖以生存和发展的基础。我们的衣、食、住、行及物质文化生活的许多方面都与生物多样性的维持密切相关。

首先，人类从生物多样性中得到了所需的全部食品、许多药物和工业原料。例如，物种为人类提供了食物的来源，作为人类基本食物的农作物、家禽和家畜等均源自野生型。野生物种是培育新品种不可缺少的原材料，特别是随着近代遗传工程的兴起和发展，物种的保存有着更深远的意义。物种是多种药物的来源，随着医学研究的深入，越来越多的物种被发现可作药用。

另外，自然界的物种资源也为人类提供大量的工业原料如皮毛、皮革、纤维、油料、香料、胶脂等。

生物多样性的生态价值也是巨大的，它在维系自然界能量流动、物质循环、改良土壤、涵养水源及调节小气候等诸多方面发挥着重要

家畜养殖

的作用，生物多样性也是维持生态系统平衡的必要条件，某（些）物种的消亡可能引起整个系统的失衡，甚至崩溃。而且，丰富多彩的生物和它们所赖以生存的无机环境共同构成了人类赖以生存的生物支撑系统。

生物多样性还在保持土壤肥力、保证水质以及调节气候等方面发挥了重要作用。

黄河流域曾是我们中华民族的摇篮，在几千年以前，那里还是一片十分富饶的土地。树木林立，百花芬芳，各种野生动物四处出没。但由于长期的战争及人类过度地开发利用，这里已变成生物多样性十分贫乏的地区，到处是黄土荒坡，遇到刮风的天气便是飞沙走石，沙漠化现象十分严重。近年来由于人工植树，大搞"三北防护林"工程，生物多样性得到了一定程度的恢复，沙漠化进程得到了抑制，森林覆盖率逐年上升，环境不断得到改善。

生物多样性在大气层成分、地球表面温度、地表沉积层氧化还原电位以及 PH 值等方面的调控方面发挥着重要作用。

例如，现在地球大气层中的氧气含量为 21%，供给我们自由呼吸，这主要应归功于植物的光合作用。在地球

黄 河

早期的历史中，大气中氧气的含量要低很多。据科学家估计，假如断绝了植物的光合作用，那么大气层中的氧气，将会由于氧化反应在数千年内消耗殆尽。

生物多样性的维持，将有益于一些珍稀濒危物种的保存。我们都知道，任何一个物种一旦灭绝，便永远不可能再生。今天仍生存在我们地球上的物种，尤其是那些处于灭绝边缘的濒危物种，一旦消失了，那么人类将永远丧失这些宝贵的生物资源。而保护生物多样性，特别是保护濒危物种，对于人类后代，对科学事业都具有重大的战略意义。

知识点

基 因

　　基因是遗传的物质基础，是 DNA（脱氧核糖核酸）分子上具有遗传信息的特定核苷酸序列的总称，是具有遗传效应的 DNA 分子片段。

　　基因通过复制把遗传信息传递给下一代，使后代出现与亲代相似的性状。人类大约有几万个基因，储存着生命孕育生长、凋亡过程的全部信息，通过复制、表达、修复，完成生命繁衍、细胞分裂和蛋白质合成等重要生理过程。

　　基因是生命的密码，记录和传递着遗传信息。生物体的生、长、病、老、死等一切生命现象都与基因有关。它同时也决定着人体健康的内在因素，与人类的健康密切相关。

延伸阅读

物种灭绝

　　泛指植物或动物的种类不可再生性的消失或破坏，称为物种灭绝。

　　物种大灭绝让地层中的化石分布出现了断层，某类群的化石完全消失了，而被新的化石类群所取代。地质学家根据古生物化石类群的更替现象来划分地质年代，把地质年代划分为古生代、中生代和新生代三个时期，每代之下再分为几个纪。

　　古生物化石的更替现象在代与代更替时表现得最明显。从古生代的最后一个纪（二叠纪）到中生代的第一个纪（三叠纪），化石分布存在着最显著的跳跃，表明发生了生物史上最大的一次灭绝：在古生代大量存在的三叶虫到了二叠纪末期（约 2 亿 2500 万年前）再也找不到，而且 96% 的海洋生物物种也都灭绝了。从中生代的最后一个纪（白垩纪）到新生代的第一个纪（第三纪）的化石分布变化也非常明显，这一次的物种大灭绝规模虽然比不上三叠纪大灭绝，却最为著名：在中生代盛极一时，曾经主宰大地两亿年的恐龙，到了白垩纪后期（约6500万年前）完全不见了，同时灭绝的还有大约70%的海洋生物物种。

生物史上的大灭绝并非只有这么两次。20世纪80年代末的一项研究表明，生物大灭绝在历史上共发生过大约23次，大约每2600万年发生一次，似乎具有周期性。对于物种大灭绝的发生是否真的如此频繁和有规律，还有争议。但即使是最保守的估计，也认为至少有5次物种大灭绝是非常明显的。物种大灭绝即使不是有规律的周期性现象，也是反复发生过的。

目前，在世界范围内，生物物种正以前所未有的速度消失。从1600～1800年间，地球上的鸟类和兽类物种灭绝25种；从1800～1950年地球上的鸟类和兽类物种灭绝了78种。曾经生活在地球上的冰岛大海雀、北美旅鸽、南非斑驴、印尼巴厘虎、澳洲袋狼、直隶猕猴、高鼻羚羊、台湾云豹、麋鹿等物种已不复存在。

自然环境对人类的威胁

ZIRAN HUANJING DUI RENLEI DE WEIXIE

　　"自然灾害"是人类依赖的自然界中所发生的异常现象，自然灾害对人类社会所造成的危害往往是触目惊心的。它们之中既有地震、火山爆发、泥石流、海啸、台风、洪水等突发性灾害；也有地面沉降、土地沙漠化、干旱、海岸线变化等在较长时间中才能逐渐显现的渐变性灾害；还有臭氧层变化、水体污染、水土流失、酸雨等人类活动导致的环境灾害。

　　这些自然灾害和环境破坏之间又有着复杂的相互联系。人类要从科学的意义上认识这些灾害的发生、发展以及尽可能减小它们所造成的危害，已是国际社会的一个共同主题。

恐怖的自然灾害

　　地球上的自然变异，包括人类活动诱发的自然变异，无时无地不在发生，高低温试验箱当这种变异给人类社会带来危害时，即构成自然灾害。因为它给人类的生产和生活带来了不同程度的损害，包括以劳动为媒介的人与自然之间，以及与之相关的人与人之间的关系。

　　灾害都是消极的或破坏的作用。所以说，自然灾害是人与自然矛盾的一种表现形式，具有自然和社会两重属性，是人类过去、现在、将来所面对的最严峻的挑战之一。

世界范围内重大的突发性自然灾害包括：旱灾、洪涝、台风、风暴潮、冻害、雹灾、海啸、地震、火山、滑坡、泥石流、森林火灾、农林病虫害等。

我国自然灾害种类繁多。地震、台风、暴雨、洪水、内涝、高温、雷电、大雾、灰霾、泥石流、山体滑坡、海啸、道路结冰、龙卷风、冰雹、暴风雪、崩塌、地面塌陷、沙尘暴等等，每年都要在全国和局部地区发生，造成大范围的损害或局部地区的毁灭性打击。

海　啸

自然灾害的形成与发展

凡危害动植物的各类事件通称之为灾害。纵观人类的历史可以看出，灾害的发生原因主要有二个：一是自然变异，二是人为影响。因此，通常把以自然变异为主因的灾害称之为自然灾害，如地震、风暴，海啸；将以人为影响为主因的灾害称之为人为灾害，如人为引起的火灾、交通事故和酸雨等。

自然灾害形成的过程有长有短，有缓有急。有些自然灾害，当致灾因素的变化超过一定强度时，就会在几天、几小时甚至几分、几秒钟内表现为灾害行为，像火山爆发，地震、洪水、飓风、风暴潮、冰雹等，这类灾害称为突发性自然灾害。旱灾、农作物和森林的病、虫、草害等，虽然一般要在几个月的时间内成灾，但灾害的形成和结束仍然比较快速、明显，所以也把它们列入突发性自然灾害。

另外，还有一些自然灾害是在致灾因素长期发展的情况下，逐渐显现成灾的，如土地沙漠化、水土流失、环境恶化等，这类灾害通常要几年或更长时间的发展，则称之为缓发性自然灾害。

许多自然灾害，特别是等级高、强度大的自然灾害发生以后，常常诱发出一连串的其他灾害接连发生，这种现象叫灾害链。灾害链中最早发生的起作用的灾害称为原生灾害；而由原生灾害所诱导出来的灾害则称为次生灾害。

自然灾害发生之后，破坏了人类生存的和谐条件，由此还可以导生出一系列其他灾害，这些灾害泛称为衍生灾害。如大旱之后，地表与浅部淡水极度匮乏，迫使人们饮用深层含氟量较高的地下水，从而导致了氟病，这些都称为衍生灾害。

当然，灾害的过程往往是很复杂的，有时候一种灾害可由几种灾因引起，或者一种灾害因会同时引起好几种不同的灾害。这时，灾害类型的确定就要根据起主导作用的灾因和其主要表现形式而定。

自然灾害的特征

突然、是不可预测的。自然灾害通常是剧烈的，其破坏力极大。持续时间有长有短。灾难包括了很多因素，它们会引起受伤和死亡，巨大的财产损失以及相当程度的混乱。一次灾难事件持续时间越长，受害者受到的威胁就越大，事件的影响也就越大。另一个影响灾难程度的主要特征，是人们是否获得了足够的预警。

自然灾害有许多重要的特征，它们突然、有力，无法控制，引起破坏和混乱，通常很短暂，有最低点，有时可以预报。

自然灾害的影响

龙卷风

灾难影响行为和精神健康的方式有多种：

1. 灾难会带来实质性的创伤和精神障碍；

2. 绝大多数的痛苦在灾后一两年内消失，人们能够自我调整；

3. 由灾难引起的慢性精神障碍非常少见；

4. 有些灾难的整体影响可

能是正面的，因为它可能会增加社会的凝聚力；

5. 灾难扰乱了组织、家庭以及个体生活。

自然灾害会引起压力、焦虑、压抑以及其他情绪和知觉问题。影响的时间以及为什么有些人不能尽快适应仍然是未知数。在洪水、龙卷风、飓风以及其他自然灾害过后，受害者表现出恶念、焦虑、压抑和其他情绪问题，这些问题可以持续一年。

一种极度的灾难的持续效果，称为创伤后应激障碍，即经历了创伤以后，持续的、不必要的、无法控制的无关事件的念头，强烈的避免提及事件的愿望，睡眠障碍，社会能力退缩以及强烈警觉的焦虑障碍。

知识点

地面塌陷

地面塌陷是指地表岩、土体在自然或人为因素作用下，向下陷落，并在地面形成塌陷坑（洞）的一种地质现象。当这种现象发生在有人类活动的地区时，便可能成为一种地质灾害。

由于其发育的地质条件和作用因素的不同，地面塌陷可分为以下几种类型：

岩溶塌陷：由于可溶岩（以碳酸岩为主，其次有石膏、岩盐等）中存在的岩溶洞隙而产生的。在可溶岩上有松散土层覆盖的覆盖岩溶区，塌陷主要产生在土层中，称为"土层塌陷"，其发育数量最多、分布最广；当组成洞隙顶板的各类岩石较破碎时，也可发生顶板陷落的"基岩塌陷"。

非岩溶性塌陷：由于非岩溶洞穴产生的塌陷，如采空塌陷，黄土地区黄土陷穴引起的塌陷，玄武岩地区其通道顶板产生的塌陷等。后两者分布较局限。

在上述几类塌陷中，岩溶塌陷分布最广、数量最多、发生频率高、诱发因素最多，且具有较强的隐蔽性和突发性特点，严地威协到人民群众的生命财产安全。

延伸阅读

飓风台风龙卷风的区别

飓风，是大西洋和北印度洋地区将强大而深厚（最大风速达32.7米/秒，风力为12级以上）的热带气旋称为飓风，也泛指狂风和任何热带气旋以及风力达12级的任何大风。飓风中心有一个风眼，风眼愈小，破坏力愈大。

台风一词则源自希腊神话中大地之母盖亚之子，它是一头长有一百个龙头的魔物，传说其孩子就是可怕的大风。至于中文"台风"一词，有人说源于日语，亦有人说来自我国广东话"大风"的发音，传至国外后再次传回国内译为台风。以前，我国东南沿海经常有风暴，当地渔民统称其为"大风"，后来变成台风。

飓风和台风都是指风速达到33米/秒以上的热带气旋，只是因发生的地域不同，才有了不同名称。生成于西北太平洋和我国南海的强烈热带气旋被称为"台风"；生成于大西洋、加勒比海以及北太平洋东部的则称"飓风"；而生成于印度洋、阿拉伯海、孟加拉湾的则称为"旋风"。

飓风与龙卷风也不能混淆。后者的时间很短暂，属于瞬间爆发，最长也不超过数小时。此外，龙卷风一般是伴随着飓风而产生。龙卷风最大的特征在于它出现时，往往有一个或数个如同"大象鼻子"样的漏斗状云柱，同时伴随狂风暴雨、雷电或冰雹。龙卷风经过水面时，能吸水上升形成水柱，然后同云相接，俗称"龙取水"。经过陆地时，常会卷倒房屋，甚至把人吸卷到空中。

洪涝灾害

在正常的情况下，水会在河道内流动，或储存在湖泊、土壤或海洋里。但流动的水量并不常常一样。当水流突然增加时，就被称为"洪"。河洪太大，而河道又未能容纳所有水时，洪水便会溢出河道，淹没附近地方，造成洪灾。

洪灾也称水灾或泛滥，是由洪水引发的一种自然灾害，指河流、湖泊、海洋所含的水体上涨，超过常规水位的水流现象。

洪水常威胁沿河、湖滨、近海地区的安全，甚至造成淹没灾害。当一个地方被河水、海水或雨水淹没时，这个地方就是遇上了洪灾。洪灾发生时不单会淹浸沿海地区，洪水更会破坏农作物，淹死牲畜，冲毁房屋。

此外，泛滥使商业活动停顿、学校停课、古迹文物受破坏，水电、煤气供应中断。洪水更会污染饮水，传播疾病。

雨水是洪水最重要的来源。下雨时，雨水流入河道，使河水增加。因此，如果一地的降雨量很多，而又持续一段长时间的，便可能出现洪灾。

洪　水

此外，雪是洪水的第二大来源。某些地方山上的冰雪溶化，流入河道，大大提高河流流量。

在沿海地区，海上的风暴大浪也是洪水的来源之一。夏季时，活跃的台风会为这些地区带来大量雨水。有时强风更会把海水推向沿海地区，造成严重的水灾。

影响洪灾的因素

1. 瞬间雨量或累积雨量，超过河道的排放能力。

一般来说，如果一地有持续的大雨，发生洪灾的可能性便会增加。受季风影响的国家，气候变化很大。夏季时，潮湿的季风会为当地带来大量雨水。当大雨持续，而河道又未能容纳所有水时，洪水便会溢出河道，造成水灾。

此外，暴风亦会造成沿海地区泛滥。它暴风把海水推向沿海地区，造成风暴大浪，沿海地区会因此而被水淹没。

2. 可用的滞洪区的容积减少。

湖泊面积减少亦可以是洪灾发生的原因之一。湖泊可以说是一个缓冲区，河水满溢，湖泊可以储存过多的河水，以及调节流量。因此，湖泊的面积减少，它们调节河流的功能也会随之下降。

3. 河道淤积，疏于疏浚。

有些河流会运载大量沉积物。河流中的沙石到达下游时便会沉积，令河床升高，河道淤积，容量因而减少。当遇上大雨时，洪水便会溢出河道，造成洪灾。

4. 天体的引力、引发的大潮、小潮，或是地震引发的海啸。

引起海水倒灌，淹没低洼地区，或是顺着河道逆流。

5. 温室效应所引起的全球暖化现象

特点是豪雨发生频率增加、或是热带性低气压或台风带来的瞬间雨量变多。

洪灾通常会发生在海岸平地和河盆。由于这些地方的地势较低，大雨持续的话，河水便会上涨，淹没河岸两旁的土地，造成洪灾。我国主要的河流，如长江、黄河和珠江等沿海地区，洪灾十分严重。一些欠发达国家如菲律宾、印度、巴基斯坦、孟加拉国和泰国等地，水灾亦经常发生，造成严重破坏。

长江洪水泛滥

欧洲的德国和荷兰亦经常受着莱茵河泛滥的影响，而美国的密西西比河也时有泛滥。

长江是我国的第一大河。长江流域人口众多，是我国经济最发达地区之一，也是我国的主要粮食产区。但是长江水患一直是影响长江流域发展的一大危害。古往今来，长江流域发生过多次大洪水。

同治八年（1870）长江流域大洪水是以上游干流来水为主的特大洪水，上游干流重庆至宜昌河段出现了数百年来最高洪水位，至今仍保持历史最高值的记录。同年，长江中游洞庭湖和汉江也发生了较大洪水，洪水在宜昌至汉口之间大量决口分洪，圩堤普遍溃决，荆江大堤虽未决口，但监利以下荆江北岸堤防多处溃决，江汉平原与洞庭湖区一片汪洋，南岸松滋县庞家湾黄家埠溃堤，形成了今日的松滋河分流入洞庭湖的通道。

1931年气候反常，长时间的降雨，造成全国性的大水灾。其中长江中下游和淮河流域的湖南、湖北、江西、浙江、安徽、江苏、山东、河南八省灾情最重，是20世纪受灾范围最广、灾情最重的一年。该年长江流域汛期提前，长江中游两湖的湘江和赣江4月份就出现了全年最大洪水，上游岷江发生大洪水，丹江堤防决口，汉口市区被淹。

1954年长江中下游地区雨季提前到来，洪水发生也比一般年份早，洞庭湖、鄱阳湖水系于4月份即进入汛期，长江中下游干流高水位持续时间长，超警历时一般在100天~135天，中下游洪水位全线突破历史最高值。

1998年是继1954年以来的又一次全流域性大洪水，长江中下游干流沙市至螺山、武穴至九江共计359千米的河段水位超过了历史最高水位。鄱阳湖水系5河、洞庭湖水系4水发生大洪水后，长江上中游干支流又相继发生了较大洪水，长江上游接连出现8次洪峰。

鄱阳湖

▶▶▶ 知识点

水 位

水位是指水体的自由水面高出固定基面以上的高程。其单位为米。表达水位所用基面，通常有两种：一种是绝对基面，一种是测站基面。我国目前采用的绝对基面是黄海基面，是以黄海口某一海滨地点的特征海水面为零点的。

水位观测的作用是直接为水利、水运、防洪、防涝提供具有单独使用价值的资料，同时也为推求其他水文数据提供间接运用资料。

水位观测常用的有水尺和自计水位计。按照水尺的构造形式不同，可分为直立式、倾斜式、矮桩式、和悬锤式。观测时，水面在水尺上的读数加上水尺零点的高程就是当时的水位值。

延伸阅读

城市洪水自救

在城市中遇到洪水怎么办，专家称首先应该迅速登上牢固的高层建筑避险，而后要与救援部门取得联系。同时，注意收集各种漂浮物，木盆、木桶都不失为逃离险境的好工具。分析洪水中人员失踪的原因，一方面是洪水流量大，猝不及防。另一方面也是因为有的人不了解水情而涉险水。所以，洪水中必须注意的是，不了解水情一定要在安全地带等待救援。

1. 避难所一般应选择在距家最近、地势较高、交通较为方便及卫生条件较好的地方。在城市中大多是高层建筑的平坦楼顶，地势较高或有牢固楼房的学校、医院等。

2. 将衣被等御寒物放至高处保存；将不便携带的贵重物品做防水捆扎后埋入地下或置放高处，票款、首饰等物品可缝在衣物中。

3. 扎制木排，并搜集木盆、木块等漂浮材料加工为救生设备以备急需；洪水到来时难以找到适合的饮用水，所以在洪水来之前可用木盆、水桶等盛水工具贮备干净的饮用水。

4. 准备好医药、取火等物品；保存好各种尚能使用的通讯设施，可与外界保持良好的通讯、交通联系。

5. 受到洪水威胁，如果时间充裕，应按照预定路线，有组织地向山坡、高地等处转移；在措手不及，已经受到洪水包围的情况下，要尽可能利用船只、木排、门板、木床等，做水上转移。

6. 洪水来得太快，已经来不及转移时，要尽量利用一些不怕洪水冲走的材料，如沙袋、石堆等堵住房屋门槛的缝隙，减少水的漫入，或是躲到屋顶避水。房屋不够坚固的，要自制木（竹）筏逃生，或是攀上大树避难，等待援救。离开房屋前，尽量带上一些食品和衣物。不要单身游水转移。

在山区，如果连降大雨，容易暴发山洪。遇到这种情况，应该注意避免过河，以防止被山洪走，还要注意防止山体滑坡、滚石、泥石流的伤害。发现高压线铁塔倾倒、电线低垂或断折，要远离避险，不可触摸或接近，防止触电。对于家中的财产，不要斤斤计较，更不能只顾家产而忘记生命安全。为了保存财产，在离开住处时，最好把房门关好，这样待洪水退后，家产尚能物归原主，不会随水漂流掉。

7. 被水冲走或落入水中者，要保持镇定，尽量抓住水中漂流的木板、箱子、衣柜等物。如果离岸较远，周围又没有其他人或船，就不要盲目游动，以免体力消耗殆尽。无论你遇到何种情形，都不要慌，要学会发出求救信号，如晃动衣服或树枝，大声呼救等。

干旱灾害

从自然的角度来看，干旱和旱灾是两个不同的科学概念。干旱通常指淡水总量少，不足以满足人的生存和经济发展的气候现象。干旱一般是长期的现象，而旱灾却不同，它只是属于偶发性的自然灾害，甚至在通常水量丰富的地区也会因一时的气候异常而导致旱灾。

干旱和旱灾从古至今都是人类面临的主要自然灾害。即使在科学技术如此发达的今天，它们造成的灾难性后果仍然比比皆是。尤其值得注意的是，随着人类的经济发展和人口膨胀，水资源短缺现象日趋严重，这也直接导致了干旱地区的扩大与干旱化程度的加重，干旱化趋势已成为全球关注的问题。

回顾生物进化和人类文明的历史长河，干旱不仅导致恐龙灭绝，使生物界几度濒临毁灭，也曾使人类文明的发展遭受过许多挫折：

古希腊——位于雅典西南 100 千米，耶稣诞生 1200 年前后，因为旱灾及由旱灾引起的饥民暴动而变为废墟，迈锡尼文化也随之彻底毁灭。

迈锡尼遗址

唐天宝末年（775）到乾元初年（758），公元 8 世纪中期，连年大旱，以致瘟疫横行，出现过"人食人"，"死人七八成"的悲惨景象，全国人口由原来的 5000 多万降为 1700 万左右。

崇祯年间，华北、西北从 1637 年～1643 年发生了连续 7 年的大范围干旱，以致呈现出"赤地千里无禾稼，饿殍遍野人相食"的凄惨景象。这次特大旱灾加速了明王朝的灭亡。

与此类似的另两次大旱灾发生于 1720 年～1723 年和 1875 年～1878 年间，灾民因饥饿而出现"人相食"的县数分别为 48 和 38 个，其中有 4 个县井泉枯竭或河沟断流。

光绪初年（1875），华北爆发大旱灾。从 1876 年～1879 年，大旱持续了整整 4 年；受灾地区有山西、河南、陕西、直隶（今河北）、山东等北方五省，及苏北、皖北、陇东和川北等地区；大旱不仅使农产绝收，田园荒芜，而且饿殍载途，白骨盈野"，饿死的人竟达千万以上。

在世界范围内有普遍性、波及范围最广、影响最为严重的一次旱灾，是 20 世纪 60 年代末期在非洲撒哈拉沙漠周围一些国家发生的大旱，80 年代初期，遍及 34 个国家，近 1 亿人口遭受饥饿的威胁。

干旱的分类

小旱：连续无降雨天

撒哈拉沙漠

数，春季 16 天～30 天、夏季 16 天～25 天、秋冬季 31 天～50 天。

特点：特点为降水较常年偏少，地表空气干燥，土壤出现水分轻度不足，对农作物有轻微影响；

中旱：连续无降雨天数，夏季26天~35天、秋冬季51天~70天。

大旱：连续无降雨天数，春季达46天~60天、夏季36天~45天、秋冬季71天~90天。

特大旱：连续无降雨天数，春季在61天以上、夏季在46天以上、秋冬季在91天以上。

世界气象组织承认以下6种干旱类型：

1. 气象干旱：根据不足降水量，以特定历时降水的绝对值表示。

2. 气候干旱：根据不足降水量，不是以特定数量，是以与平均值或正常值的比率表示。

3. 大气干旱：不仅涉及降水量，而且涉及温度、湿度、风速、气压等气候因素。

4. 农业干旱：主要涉及土壤含水量和植物生态，或许是某种特定作物的性态。

5. 水文干旱：主要考虑河道流量的减少，湖泊或水库库容的减少和地下水位的下降。

6. 用水管理干旱：其特性是由于用水管理的实际操作或设施的破坏引起的缺水。

我国比较常见的旱灾：

1. 气象干旱：不正常的干燥天气时期，持续缺水足以影响区域引起严重水文不平衡。

2. 农业干旱：降水量不足的气候变化，对作物产量或牧场产量足以产生不利影响。

3. 水文干旱：在河流、水库、地下水含水层、湖泊和土壤中低于平均含水量的时期。

干旱与人类活动所造成的植物系统分布，温度平衡分布，大气循环状态改变，化学元素分布改变等等与人类活动相关的系统改变有直接的关系：

1. 与地理位置和海拔高度有直接关联；

2. 与各大水系距离远近有直接关联；

3. 与地球地壳板块滑移漂移有直接关联；

4. 与天文潮汛有直接关联；

5. 与地方植被覆盖水平有直接关联。

干旱是对人类社会影响最严重的气候灾害之一，它具有出现频率高、持续时间长、波及范围广的特点。干旱的频繁发生和长期持续，不但会给社会经济，特别是农业生产带来巨大的损失，还会造成水资源短缺、荒漠化加剧、沙尘暴频发等诸多生态和环境方面的不利影响。

干旱导致河水断流

➡️ **知识点**

沙尘暴

沙尘暴是沙暴和尘暴两者兼有的总称，是指强风把地面大量沙尘物质吹起并卷入空中，使空气特别混浊，水平能见度小于 一千米的严重风沙天气现象。其中沙暴系指大风把大量沙粒吹入近地层所形成的挟沙风暴；尘暴则是大风把大量尘埃及其他细粒物质卷入高空所形成的风暴。

🎴 **延伸阅读**

20世纪世界五大旱灾

全世界20世纪发生的"十大灾害"中，洪灾榜上无名，地震有3次，台风和风暴潮各一次，而旱灾却高居首位，有5次，它们是：

1920年，我国北方大旱。山东、河南、山西、陕西、河北等省遭受了40多年未遇的大旱灾，灾民2000万，死亡50万人。

1928年~1929年，我国陕西大旱。陕西全境共940万人受灾，死者达250万人，逃者40余万人，被卖妇女竟达30多万人。

1943年，我国广东大旱。许多地方年初至谷雨没有下雨，造成严重粮荒，仅台山县饥民就死亡15万人。有些灾情严重的村子，人口损失过半。

1943年，印度、孟加拉国等地大旱。无水浇灌庄稼，粮食歉收，造成严重饥荒，死亡350万人。

1968年~1973年，非洲大旱。涉及36个国家，受灾人口2500万人，逃荒者逾1000万人，累计死亡人数达200万以上。仅撒哈拉地区死亡人数就超过150万。

气象灾害

气候作为一种资源对人类生产和生活的重要作用，但同时，大气也对人类的生命财产和经济建设以及国防建设等造成了直接或间接的损害，我们称之为气象灾害。它是自然灾害中的原生灾害之一。

气象灾害的种类

气象灾害，一般包括天气、气候灾害和气象次生、衍生灾害。

天气、气候灾害，是指因台风（热带风暴、强热带风暴）、暴雨（雪）、雷暴、冰雹、大风、沙尘、龙卷风、大（浓）雾、高温、低温、连阴雨、冻雨、霜冻、结（积）冰、寒潮、干旱、干热风、热浪、洪涝、积涝等因素直接造成的灾害。

气象次生、衍生灾害，是指因气象因素引起的山体滑坡、泥石流、风暴潮、森林火灾、酸雨、空气污染等灾害。

气象灾害有20余种，主要有以下种类：

1. 暴雨：山洪暴发、河水泛滥、城市积水；

2. 雨涝：内涝、积水；

3. 干旱：农业、林业、草原的旱灾，工业、城市、农村缺水；

4. 干热风：干旱风、焚风；

5. 高温、热浪：酷暑高温、人体疾病、灼伤、作物逼熟；

6. 热带气旋：狂风、暴雨、洪水；

寒　潮

7. 冷害：由于强降温和气温低造成作物、牲畜、果树受害；

8. 冻害：霜冻，作物、牲畜冻害，水管、油管冻坏；

9. 冻雨：电线、树枝、路面结冰；

10. 结冰：河面、湖面、海面封冻，雨雪后路面结冰；

11. 雪害：暴风雪、积雪；

12. 雹害：毁坏庄稼、破坏房屋；

13. 风害：倒树、倒房、翻车、翻船；

14. 龙卷风：局部毁坏性灾害；

15. 雷电：雷击伤亡；

16. 连阴雨（淫雨）：对作物生长发育不利、粮食霉变等.

17. 浓雾：人体疾病、交通受阻；

18. 低空风切变：（飞机）航空失事；

19. 酸雨：作物等受害。

气象灾害的特点

1. 种类多。主要有暴雨洪涝、干旱、热带气旋、霜冻低温等冷冻害、风雹、连阴雨和浓雾及沙尘暴等其他灾害共 7 大类 20 余种，如果细分；可达数十种甚至上百种。

2. 范围广，一年四季都可出现气象灾害；无论在高山、平原、高原、海岛，还是在江、河、湖、海以及空中，处处都有气象灾害。

3. 频率高。我国从1950年~1988年的38年内每年都出现旱、涝和台风等多种灾害，平均每年出现旱灾7.5次，涝灾5.8次，登陆我国的热带气旋6.9个。

4. 持续时间长。同一种灾害常常连季、连年出现。

5. 群发性突出。某些灾害往往在同一时段内发生在许多地区如雷雨、冰雹、大风、龙卷风等强对流性天气在每年35月常有群发现象。

沙尘暴

6. 连锁反应显著。天气气候条件往往能形成或引发、加重洪水、泥石流和植物病虫害等自然灾害，产生连锁反应。

7. 灾情重。联合国公布的1947年~1980年全球因自然灾害造成人员死亡达121.3万人，其中61%是由气象灾害造成的。

大风灾害

巨 浪

风力达到足以危害人们的生产活动、经济建设和日常生活的风，成为大风。

危害性大风主要指台风、寒潮大风、雷暴大风、龙卷风。

根据大风对农业生产的影响，可归纳为机械损伤、风蚀、生理危害、影响农牧业生产活动等几个方面。台风在大风危害中的破坏力最为突出。

热带气旋是一种发生在热带或副热带海洋上的气旋性涡旋。强烈的热带气旋伴有狂风、暴雨、巨浪、风暴潮，活动范围很广，具有很强的破坏力，是一种重要的灾害性天气系统。我国是世界上少数几个受热带气旋严重影响的国家之一。

雷电灾害

大家都知道，雷电灾害是最严重的自然灾害之一，就像有些人发誓诅咒时常常说，天打雷劈，可见雷电的威力人人都害怕。尤其到了夏季强对流天气来临的时候，风雨交加，电闪雷鸣，更容易发生雷击事故，造成重大损失。那么，雷电灾害到底是怎么发生的呢？

雷电蕴含着无限的能量，划破长空，震撼大地。第一个近距离接触雷电的人是美国科学家富兰克林，他冒着雷电致命的风险，用丝绸手帕做成一支大风筝，并且将它放飞上了阴霾的天空，用麻绳作为风筝线，绳下端挂着一个铜钥匙，当雷电交加，大雨倾盆的时候，他终于感受到了一股来自天上的强烈电振，他高声狂呼：我受电击了，他用实验证明了雷电不是上帝发怒，而是一种科学现象。

雷电作为一种放电现象，它体现为一种巨大的不可抗拒的能量，当大气中正负电荷相互中和，出现耀眼的闪光，这就是放电现象。

闪 电

闪电的形状千奇百怪，有的像机车狂舞，有的分权犹如树木根须，由于闪电通道内的电弧高温可达 3 万度，可使周围空气激素膨胀，热消失后又冷却，使空气极速收缩，引起了剧烈的有声振动，于是就有了我们听到的雷声。

当温度降至零度以后，云滴可以冻结成冰粒，会有水蒸气直接凝华冰晶，最后增长成雪花，这便是热对流形成的雷雨云。在较暖季节里，当强大的冷空气，突然侵入热空气地带时，由于冷空气较重，因此处于暖空气的下面，排挤暖湿空气，并使暖空气上升至高空形成雷雨云，由于冷空气来势很猛，这种云往往是更强的雷雨云。

一次雷电产生的巨大声波，可以杀死空气中的细菌和微生物，使空气变得洁净起来，有利于我们的健康。雷电还能产生臭氧，我们都知道臭氧是地球生物的保护伞，它可以吸收大量的紫外线，显得生物遭到紫外伤害。另外雷电还能振松土壤，有利于农作物的生长。然而一次闪电产生的能量非常大，就是一个中等程度的闪击，耗散的功率也有 10 万千瓦，相当于一个小型核电站的输出功率，如果这些雷电活动一旦对大地产生放电，便会引起巨大的热效应，电效应和机械力，而造成破坏和灾难。

随着城市建设速度大大加快，一座座高楼如雨后春笋般平地而起，高耸入云，城市磁场也因此发生变化，使得雷电对人们日常生活影响日益明显。1989 年 8 月 12 号，山东皇岛油库突遭雷暴袭击，导致起火爆炸，整个油库区成了一片火海，大火燃烧了 104 个小时，造成了重大的人员伤亡和巨大的经济损失。

雷电危害可以分为直击雷、感应雷和雷电波侵入等，避雷针只能有效地防护直击雷，而由强大电磁场产生的感应雷和电磁脉冲电压，却能沿天线、电源线、电话信号线潜入室内，破坏电器设备。

雷电灾害是最严重的 10 种自然灾害之一。全球每年因雷击造成人员伤亡，财产损失不计其数，导致火灾、爆炸、信息系统瘫痪等事故频繁发生，卫星、通信、导航、计算机网络，乃至到每个家庭的家用电器都会受到雷电灾害的严重威胁。我国雷暴活动也十分频繁，全国有 21 个省会城市，雷暴日都在 50 天以上，最多达 134 天。

避雷针

冰雹灾害

雹，或冰雹。冰雹是在对流云中形成，当水汽随气流上升遇冷会凝结成小水滴，若随着高度增加温度继续降低，达到摄氏零度以下时，水滴就凝结成冰粒，在它上升运动过程中，并会吸附其周围小冰粒或水滴而长大，直到其重量无法为上升气流所承载时即往下降，当其降落至较高温度区时，其表面会融解成水，同时亦会吸附周围之小水滴，此时若又遇强大之上升气流再被抬升，其表面则又凝结成冰，如此反复进行如滚雪球般其体积越来越大，直到它的重量大于空气之浮力，即往下降落，若达地面时未融解成水仍呈固态冰粒者称为冰雹，如融解成水就是我们平常所见的雨。

冰雹通常发生在风暴期间，如豆大的冰雹颗粒并不罕见。冰雹的降落往往会给人们带来大小不同的灾难。

尽管大多数冰雹的直径只有几毫米，有些冰雹的直径可达几厘米甚至更大。很少有冰雹得直径会超过6厘米。旁边的量尺告诉了我们这颗冰雹的直径约有6厘米，大概有网球那么大。

说到如此大颗的冰雹，其中最为众人皆知的，就在印度北部地区和孟加拉国一带。据说在那儿，因为冰雹而导致死亡的新闻绝对比世界上任何一个地方都来得多；这里也曾发现过目前为止所测量过的最大颗冰雹。

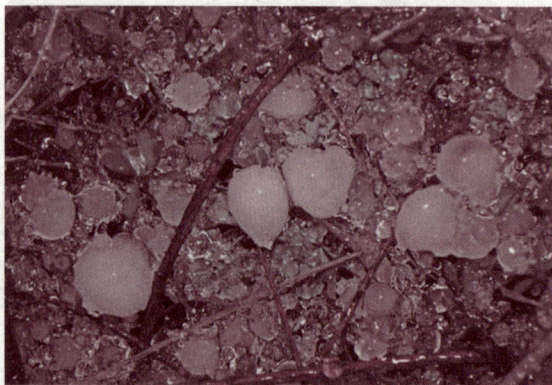

冰雹灾害

俄罗斯和大部分东欧地区较常出现大型冰雹。美国的平原州份及加拿大的邻近州份经常受到夹杂冰雹的暴风雨吹袭，当中包括有怀俄明州、科罗拉州、堪萨斯州和内布拉斯卡特别容易受到特别严重的雹暴侵袭，这会对农作物做成严重的损害。非洲南部亦受到猛烈的冰雹影响。

通常，小型的冰雹不一定都会随着雷暴雨而来，特别是在冬天时分，在美国西北部地区和加拿大西部的沿海一带，以及英国众岛屿都可以遇到。

高温灾害

众所周知，人类的体温是恒温的，那么为什么在风和日丽的春天或金风送爽的秋天感觉舒适，而在炎炎盛夏便很难受呢？这是由于不同的温度对人体生理活动的影响不同，高温对人体温度的调解不利，在正常情况下，人体是通过传导、对流、辐射和水分蒸发来调节体温，使之适应外界和内在的条件。在高温天气里，人体散热困难，出现盐水代谢失衡，虽然多个器官参与降温，但汗腺排汗功能趋于衰竭，人体的体温调节功能受到限制，多余热量仍积蓄在人体内而引发中暑，由此可见，高温是一种灾害性天气，特别是持续性高温，对人的健康危害很大。

气候变化对人类的直接影响是极端高温产生的热效应。儿童、老年人、体弱者以及呼吸系统、心脑血管疾病等慢性疾病患者受影响最大。炎热的应激反应使体温调节系统处于"超负荷"状态，使原已受损的系统、组织、器官负荷增加，功能不济，往往病情加重甚至死亡。

持续高温还会使人中暑和患"空调病"、肠道病、心脑血管病的人数骤然增多，并有老人、病患者因暑热而死亡。我国、非洲和美国的研究均表明，在大城市，每年因热浪袭击可致死亡人数增加数千例。根据 2020 年和 2050 年的气候变化预测，估计夏季的死亡率将会有较大增加，尤其是老年人特别难以适应高温。

通过对北京地区气候与健康关系的研究发现，在 15 岁以上的人群中，随年龄增加对气温变化敏感性也增加，并以 65 岁以上年龄组最明显，其死亡与气温关系最密切。

热浪是指天气持续地保持过度的炎热，也有可能伴随有很高的湿度。这个术语通常与地区相联系，所以一个对较热气候地区来说是正常的温度对一个通常较冷的地区来说可能是热浪。一些地区比较容易受到热浪的袭击，例如夏干冬湿的地中海气候。热浪可以因为高温引起死亡，特别是老年人。

知识点

风 切 变

风切变是一种大气现象，表现为气流运动速度和方向的突然变化。它可以出现在垂直方向上，也可以出现在水平方向上；可以出现在高空，也可以出现在低空。出现在600米以下的叫低空风切变。

低空风切变在水平方向垂直运动的气流存在很大的速度梯度，也就是说垂直运动的风速会出现突然的加剧，就产生了特别强的下降气流，被称为微下冲气流。这个强烈的下降气流存在于一个有限的区域内，并且与地面撞击后转向与地面平行而变成为水平风，风向以撞击点为圆心四面发散，所以在一个更大一些的区域内，又形成了水平风切变。

由于低空风切变具有变化时间短、范围小、强度大等特点，在这种环境中飞行，相应地就要发生突然性的空速变化，空速变化引起了升力变化，升力变化又引起飞行高度的变化。

例如当飞机飞行轨迹正好通过微下冲气流，那么飞机会突然的非正常下降，偏离原有的轨迹，有可能高度过低造成危险。

延伸阅读

历年世界气象日主题

1961 年　气象

1962 年　气象对农业和粮食生产的贡献

1963 年　交通和气象（特别是气象应用于航空）

1964 年　气象——经济发展的因素

1965 年　国际气象合作

1966 年　世界天气监测网

1967 年　天气和水

1968 年　气象与农业

1969 年　气象服务的经济效益

1970 年　气象教育和训练

1971 年　气象与人类环境

1972 年　气象与人类环境

1973 年　国际气象合作 100 年

1974 年　气象与旅游

1975 年　气象与电讯

1976 年　天气与粮食

1977 年　天气与水

1978 年　未来气象与研究

1979 年　气象与能源

1980 年　人与气候变迁

1981 年　世界天气监测网

1982 年　空间气象观测

1983 年　气象观测员

1984 年　气象增加粮食生产

1985 年　气象与公众安全

1986 年　气候变迁，干旱和沙漠化

1987 年　气象——国际合作的典范

1988 年　气象与宣传媒介

1989 年　气象为航空服务

1990 年　气象和水文部门为减少自然灾害服务

1991 年　地球大气

1992 年　天气和气候为稳定发展服务

1993 年　气象与技术转让

1994 年　观测天气与气候

1995 年　公众与天气服务

1996 年　气象与体育服务

1997 年　天气与城市水问题

DIQIU WO DE JIAYUAN

1998 年　天气、海洋与人类活动

1999 年　天气、气候与健康

2000 年　世界气象组织——50 年服务

2001 年　天气、气候和水的志愿者

2002 年　降低对天气和气候极端事件的脆弱性

2003 年　关注我们未来的气候

2004 年　信息时代的天气、气候和水

2005 年　天气、气候、水和可持续发展

2006 年　预防和减轻自然灾害

2007 年　极地气象：认识全球影响

2008 年　观测我们的星球，共创更美好的未来

2009 年　天气、气候和我们呼吸的空气

2010 年　世界气象组织——致力于人类安全和福祉的 60 年

2011 年　人与气候

2012 年　天气、气候和水为未来增添动力

海洋灾害

海洋灾害是指源于海洋的自然灾害。海洋灾害主要有灾害性海浪、海冰、赤潮、海啸和风暴潮、龙卷风；与海洋与大气相关的灾害性现象还有"厄尔尼诺现象"和"拉尼娜现象"，台风等。

风暴潮

风暴潮是由台风、温带气旋、冷风的强风作用和气压骤变等强烈的天气系统引起的海面异常升降现象，又称"风暴增水"、"风暴海啸"、"气象海啸"或"风潮"。

风暴潮会使受到影响的海区的潮位大大地超过正常潮位。如果风暴潮恰好与影响海区天文潮位高潮相重叠，就会使水位暴涨，海水涌进内陆，造成巨大破坏。如 1953 年 2 月发生在荷兰沿岸的强大风暴潮，使水位高出正常潮

位 3 米多。洪水冲毁了防护堤，淹没土地 80 万英亩，导致 2000 余人死亡。又如 1970 年 11 月 12 日～13 日发生在孟加拉国湾沿岸地区的一次风暴潮，曾导致 30 余万人死亡和 100 多万人无家可归。

风暴潮按其诱发的不同天气系统可分为 3 种类型：由热带风暴、强热带风暴、台风或飓风（为叙述方便，以下统称台风）引起的海面水位异常升高现象，称之谓台风风暴潮；由温带气旋引起的海面水位异常升高现象，称之谓风暴潮；由寒潮或强冷空气大风引起的海面水位异常升高现象，称之谓风潮，以上 3 种类型统称为风暴潮。

风暴潮过后

台风和飓风都是产生于热带洋面上的一种强烈的热带气旋，只是发生地点不同，叫法不同，在北太平洋西部、国际日期变更线以西，包括南我国海范围内发生的热带气旋称为台风；而在大西洋或北太平洋东部的热带气旋则称飓风，也就是说在美国一带称飓风，在菲律宾、中国、日本一带叫台风。

海啸

海啸是由水下地震、火山爆发或水下塌陷和滑坡所激起的巨浪。

破坏性地震海啸发生的条件是：在地震构造运动中出现垂直运动；震源深度小于 20—50 千米；里氏震级要大于 6.50。而没有海底变形的地震冲击或海底弹性震动，可引起较弱的海啸。水下核爆炸也能产生人造海啸。尽管海啸的危害巨大，但它形成的频次有限，尤其在人们可以对它进行预测以来，其所造成的危害已大为降低。

灾害性海浪

"灾害性海浪"是海洋中由风产生的具有灾害性破坏的波浪，其作用力可达 30 吨~40 吨/每平方米。

海 冰

海 冰

海冰指海洋上一切的冰，包括咸水冰、河冰和冰山等。

赤 潮

水域中一些浮游生物暴发性繁殖引起的水色异常现象称做赤潮，它主要发生在近海海域。

在人类活动的影响下，生物所需的氮、磷等营养物质大量进入海洋，引起藻类及其他浮游生物迅速繁殖，大量消耗水体中的溶解氧量，造成水质恶化、鱼类及其他生物大量死亡的富营养化现象，这是引起赤潮的根本原因。

由于海洋环境污染日趋严重，赤潮发生的次数也随之逐年增加。香港海域 1998 年发生了历史上最严重的赤潮。由于赤潮的频繁出现，使海区的生态系统遭到严重破坏，赤潮生物在生长繁殖的代谢过程和死亡的赤潮生物被微生物分解等过程中，消耗了海水中的氧气，鱼、贝因窒息而死。

另外，赤潮生物的死亡，促使细菌大量繁殖，有些细菌能产生有毒物质，一些赤潮生物体内及其代谢产物也会含有生物毒素，引起鱼、贝中毒病变或死亡。

恩索（ENSO）事件

以赤道东太平洋水域表层水温异常增高和降低为主要特征的厄尔尼诺及反厄尔尼诺事件，所造成的全球性天气气候异常，正引起国内外海洋气象专家的极大重视，人们不仅发现了热带海洋中的厄尔尼诺现象与发生在大气中的南方涛动密切相关，统称为恩索（ENSO）事件，并进一步发现恩索（ENSO）事件也并非大气和海洋独有的异常现象，而是地球四大圈共同存在的大致同步的异常现象。这些研究，对进一步揭示厄尔尼诺及反尼尔尼诺现象有积极意义。

海洋与大气相互作用关系十分复杂，任何一种海洋和大气现象的出现，对全球各个不同地区的影响也不尽相同，厄尔尼诺现象也是如此。既是大气与海洋相互作用的结果，反过来又在不同狂度上影响着不同地区的大气和海洋。它的出现，往往使南美洲西海岸形成暴雨和洪水泛滥，给东南亚、澳大利亚和非洲带来的却是干旱少雨。

厄尔尼诺带来的灾难

厄尔尼诺年（1998 年）西太平洋台风位置偏求偏南，生成及登陆我国数量减少，夏季东北气温偏低，已为我国不少专家所证实。但是年度和夏季降水多少及旱涝分布，不同地区和不同学者结论并不一致，甚至大相径庭。这与资料年限不等和分析着眼点不无关系。

海洋灾害起因

海洋自然环境发生异常或激烈变化，导致在海上或海岸发生的灾害称为海洋灾害。海洋灾害主要指风暴潮灾害、海浪灾害，海冰灾害、海雾灾害、飓风灾害、地震海啸灾害及赤潮、海水入侵、溢油灾害等突发性的自然灾害。

盐碱化的土地

引发海洋灾害的原因主要有大气的强烈扰动，如热带气旋、温带气旋等；海洋水体本身的扰动或状态骤变；海底地震、火山爆发及其伴生之海底滑坡、地裂缝等。海洋自然灾害不仅威胁海上及海岸，有些还危及沿岸城乡经济和人民生命财产的安全。

例如，强风暴潮所导致的

海侵（即海水上陆），在我国少则几千米，多则20千米～30千米，甚至达70千米，某次海潮曾淹没多达7个县。上述海洋灾害还会在受灾地区引起许多次生灾害和衍生灾害。如：风暴潮引起海岸侵蚀、土地盐碱化；海洋污染引起生物毒素灾害等。

海洋灾害现状

世界上很多国家的自然灾害因受海洋影响都很严重。例如，仅形成于热带海洋上的台风（在大西洋和印度洋称为飓风）引发的暴雨、洪水、风暴潮、风暴巨浪，以及台风本身的大风灾害，就造成了全球自然灾害生命损失的60％。台风每年造成上百亿美元的经济损失，约为全部自然灾害经济损失的1/3。所以，海洋是全球自然灾害的最主要的源泉。

知识点

地 裂 缝

"地裂缝"是地面裂缝的简称。是地表岩层、土体在自然因素（地壳活动、水的作用等）或人为因素（抽水、灌溉、开挖等）作用下，产生开裂，并在地面形成一定长度和宽度的裂缝的一种宏观地表破坏现象。有时地裂缝活动同地震活动有关，或为地震前兆现象之一，或为地震在地面的残留变形。后者又称地震裂缝。

地裂缝常常直接影响城乡经济建设和群众生活。

延伸阅读

海洋灾害在我国

太平洋是世界上最不平静的海洋。太平洋以其西北部台风灾害多而驰名，据统计，全球热带海洋上每年大约发生80多个台风，其中3/4左右发生在北半球的海洋上，而靠近我国的西北太平洋则占了全球台风总数的38%，居全球8个台风发生区之首。其中对我国影响严重，并经常酿成灾害的每年近20个，登陆我国的平均每年7个，约为美国的4倍、日本的2倍、俄罗斯等国的30多倍。若登陆台风偏少，则会导致我国东部、南部地区干旱和农作物减产。然而台风偏多或那些从海上摄取了庞大能量的强台风登陆，不仅能引起海上及海岸灾害，登陆后还会酿成暴雨、洪水，引发滑坡、泥石流等地质灾害。

台风登陆后一般可深入陆地500余千米，有时达1000多千米。因此，往往一次台风即可造成数十亿元乃至上百亿元的经济损失。据1931年~1977年的统计，我国发生的26次强暴雨洪水中，56%就是由台风登陆后造成的。由于我国70%以上的大城市，一半以上的人口以及55%的国民经济集中于东部经济地带和沿海地区。

这些渊源于海洋的严重的自然灾害，对我国造成的经济损失和人员伤亡，已经接近或超过全国最严重的自然灾害总损失的一半。

综合最近20年的统计资料，我国由风暴潮、风暴巨浪、严重海冰、海雾及海上大风等海洋灾害造成的直接经济损失每年约5亿元，死亡500人左右。经济损失中，以风暴潮在海岸附近造成的损失最多，而人员死亡则主要是海上狂风恶浪所为。就目前总的情况来看，海洋灾害给世界各国带来的损失呈上升趋势。

《2005年中国海洋灾害公报》显示，海洋灾害损失为建国之最。2005年，我国海洋灾害频发，共发生风暴潮、赤潮、海浪、溢油等海洋灾害176次，沿海11个省（直辖市、自治区）全部受灾，造成直接经济损失332.4亿元。死亡（含失踪）371人。其中风暴潮灾害造成的损失最为严重：全年共发生11次台风风暴潮，其中9次造成灾害，较上年增加5次；发生9次温带风暴潮，其中1次造成山东省局部地区灾害。风暴潮灾害共造成直接经济损失329.8亿元，死亡（含失踪）137人。其次是海浪灾害，海浪灾害直接经济损失1.91亿元，死亡（含失踪）234人。公众所关注的赤潮灾害直接经济损失只有6900万元。

地质灾害

　　自然变异和人为的作用都可能导致地质环境或地质体发生变化，当这种变化达到一定程度时，所产生的诸如滑坡、泥石流、地面下降、地面塌陷、岩石膨胀、沙土液化、土地冻融、土壤盐渍化、土地沙漠化以及地震、火山、地热害等后果，会给人类和社会造成危害。将这种现象称为地质危害。地质危害也包括派生的灾害。

泥石流

　　泥石流是在山区沟谷中，因暴雨、冰雪融化等水源激发的、含有大量泥沙石块的特殊洪流。

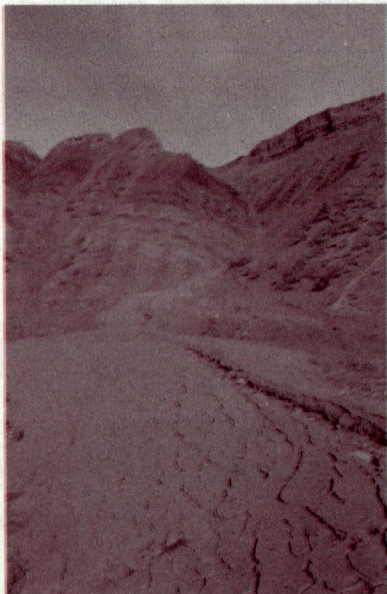

　　泥石流的形成：必须同时具备以下 3 个条件：陡峻的便于集水、集物的地形地貌；丰富的松散物质；短时间内有大量的水源。

　　泥石流按期物质成分可分为 3 类：由大量黏性土和粒径不等的沙粒、石块组成的叫泥石流；以黏性土为主，含少量黏粒、石块、黏度大，成稠泥状的叫泥石流；由水和大小不等的沙粒、石块组成的叫水石流。

　　泥石流的危害：对居民点的危害；对公路、铁路的危害；对水利、水电工程的危害；对矿山的危害；

泥石流

滑　坡

　　滑坡上的岩石山体由于种种原因在重力作用下沿一定的软弱面（或软弱带）整体地向下滑动的现象叫滑坡。俗称"走山""跨山""土溜"等。

滑坡的条件：斜坡岩、土只有被各种构造面切割分离成部连续状态时，才可能具备向下滑动的条件。

滑坡的活动强度：主要与滑坡的规模、滑坡速度、滑坡距离及其蓄积的位能和产生的动能有关。

滑坡的活动时间：主要与诱发滑坡的各种外界因素有关，如地震、降雨、冻融、海啸、风暴潮及人类活动等。

崩　塌

崩塌也叫崩落、垮塌或塌方，是陡坡上的岩体在重力作用下突然脱离母体崩落、滚动、堆积在坡脚（或沟岩）的地质现象。

按崩塌体物质的组成，崩塌可分为土甭和岩崩两大类。

崩塌的活动时间：崩塌一般发生在暴雨及较长时间连续降雨过程中或稍后一段时间；强烈地过程中；开挖坡脚过程中之中或稍后一段时间；水库蓄水初期及河流洪峰期；强烈的机械振动及大爆破之后。

崩塌的地域性：西南地区为我国崩塌分布的主要地区。

崩　塌

地面下沉

地面下沉是由于长期干旱，使地下水位降低，加之过量开采地下水等导致的地壳变形现象。

地　震

地球，可分为3层。中心层是地核，地核主要是由铁元素组成；中间是地幔；外层是地壳。地震一般发生在地壳之中。地壳内部在不停地变化，由此而产生力的作用（即内力作用），使地壳岩层变形、断裂、错动，于是便发生地震。

地震在古代又称为地动。它就像海啸、龙卷风、冰冻灾害一样，是地球上经常发生的一种自然灾害。大地震动是地震最直观、最普遍的表现。在海底或滨海地区发生的强烈地震，能引起巨大的波浪，称为海啸。

超级地震指的是震波极其强烈的大地震。但其发生占总地震 7%～21%，破坏程度是原子弹的数倍，所以超级地震影响十分广泛，也是十分具有破坏力的。

地震是极其频繁的，全球每年发生地震约 550 万次。

地震常常造成严重人员伤亡，能引起火灾、水灾、有毒气体泄漏、细菌及放射性物质扩散，还可能造成海啸、滑坡、崩塌、地裂缝等次生灾害。

地震波发源的地方，叫作震源。震源在地面上的垂直投影，地面上离震源最近的一点称为震中。它是接受振动最早的部位。震中到震源的深度叫作震源深度。通常将震源深度小于 60 千米的叫浅源地震，深度在 60 千米～300 千米的叫中源地震，深度大于 300 千米的叫深源地震。对于同样大小的地震，由于震源深度不一样，对地面造成的破坏程度也不一样。震源越浅，破坏越大，但波及范围也越小，反之亦然。

地震灾害

破坏性地震一般是浅源地震。如 1976 年的唐山地震的震源深度为 12 千米。

破坏性地震的地面振动最烈处称为极震区，极震区往往也就是震中所在的地区。

观测点距震中的距离叫震中距。震中距小于 100 千米的地震称为地方震，在 100 千米～1000 千米之间的地震称为近震，大于 1000 千米的地震称为远震，其中，震中距越长的地方受到的影响和破坏越小。

地震的地理分布受一定的地质条件控制，具有一定的规律。地震大多分布在地壳不稳定的部位，特别是板块之间的消亡边界，形成地震活动活跃的地震带。

全世界主要有三个地震带：

一是环太平洋地震带，包括南、北美洲太平洋沿岸，阿留申群岛、堪察加半岛，千岛群岛、日本列岛，经台湾再到菲律宾转向东南直至新西兰，是地球上地震最活跃的地区，集中了全世界80%以上的地震。本带是在太平洋板块和美洲板块、亚欧板块、印度洋板块的消亡边界，南极洲板块和美洲板块的消亡边界上。

二是欧亚地震带，大致从印度尼西亚西部，缅甸经我国横断山脉，喜马拉雅山脉，越过帕米尔高原，经中亚细亚到达地中海及其沿岸。本带是在亚欧板块和非洲板块、印度洋板块的消亡边界上。

三是中洋脊地震带，包含延绵世界三大洋（即太平洋、大西洋和印度洋）和北极海的中洋脊。中洋脊地震带仅含全球约 5 ％的地震，此地震带的地震几乎都是浅层地震。

地震产生的地震波可直接造成建筑物的破坏甚至倒塌；破坏地面，产生地面裂缝，塌陷等；发生在山区还可能引起山体滑坡、雪崩等；而发生在海底的强地震则可能引起海啸。余震会使破坏更加严重。

地震引发的次生灾害主要有建筑物倒塌，山体滑坡以及管道破裂等引起的火灾，水灾和毒气泄漏等。此外当伤亡人员尸体不能及时清理，或污秽物污染了饮用水时，有可能导致传染病的爆发。在有些地震中，这些次生灾害造成的人员伤亡和财产损失可能超过地震带来的直接破坏。

雪崩区

火山灾害

火山的活跃程度可以大致分为 3 种：活火山（地底岩浆库存在且正在活动）、休火山（地底岩浆库存在但暂不活动，也称睡火山）及死火山（地底岩浆库已不存在，已无任何活动）。火山学家目前对如何界定以上3种火山尚无结论。因为火山的活跃周期非常不固定，短至数天，长至数百万年。而且有些火山只有非爆发性的活动，例如地震、气体溢散等。

火山活动终止之后，地底下仍然有残留的热能。这些余热加热地底下残留的气体，使地底下累积之蒸气压力增大。最后在某些特定地点，如火山口或断层附近爆破地面而出，造成爆裂口。例如台湾阳明山公园的小油坑即是一个爆裂口。在爆裂口内常有喷气孔、硫气孔和温泉的存在。气体及受热地下水也有可能沿着断层裂隙冲出地表，直接形成喷气孔或温泉。这些现象称为后火山作用。

火山造成的灾害是产生了泥流堆积类似一般人所熟悉的土石流，是火山物质混杂大量的水所形成，其成因很多，主要可归纳为两种：

火山喷发

热的火山碎屑流、熔岩流或火山涌浪流在流动的过程中，碰到大量的地表水，如河、湖水或雪而形成，因其形成时，温度可能还很高，故此种机制所形成的堆积物，称为热的火山泥流堆积。印度尼西亚位于环太平洋带，是活火山分布比较多的国家之一，火山灾害十分严重。1815年4月坦博拉火山喷发，火山碎屑流如洪水猛兽夺去了1万余人的生命。后来，火山喷发带来的食物短缺和疫病蔓延，又造成8万多人随之死亡。

火山喷发后堆积在斜坡上未固结、松散的火山灰落堆积物、火山碎屑流堆积物和火山涌浪流堆积物，受到大雨冲刷或地震引起的崩塌，流入河流或湖泊内，都会形成火山泥流，此种机制所形成的堆积物，称为冷的火山泥流堆积。

火山泥流堆积如土石流，不仅能淹没广大的区域，同时也能冲垮任何建物。1980年美国圣海伦斯火山爆发，炽热的火山碎屑和熔岩使山地冰雪大量溶化，形成了汹涌的泥石流，从山顶倾泻而下，并引起洪水泛滥，造成 24 人死亡，46 人失踪。1985 年哥伦比亚华多德尔．鲁伊斯火山爆发，火山碎屑流溶化了山顶冰盖，形成大规模的泥石流，造成 2 万多人丧生，7700 余人无家可归，流离失所。

火山爆发时常伴有大量气体喷出。有些火山喷发释放出的有毒气体足以致人于死地。1986 年 8 月喀麦隆尼沃斯火山喷发，有 1700 余人死于火山喷出的二氧化碳等大量有害气体。

火山喷发和人类的活动息息相关。火山作用具有毁灭性的破坏力，不仅造成人类财产的损失，更会危及人类与大自然动、植物的生命。如公元 79 年意大利维苏威火山爆发，大量的火山灰覆盖了邻近的庞贝城，导致庞贝城不到 1 分钟在历史上绝迹。到 17 世纪庞贝城才被世人发现，而且城中居民的尸体大部份也是保存得很完整。1991 年的日本云仙火山的爆发，造成数千名居民无家可归，以及夺走了 35 条人命；1991 年 6 月菲律宾皮纳图博火山的爆发，使得美国不得不放弃在西太平洋最大的海、空军基地等；1902 年，加勒比海东部马丁尼克岛培雷山火山爆发，使得这个法国的殖民地，一度无法恢复之前的繁荣。

火山作用对我们并非完全有害无益。例如岩浆只要能留在地表下，就是很好的地热来源。火山附近常有温泉或热泉，这就是因为岩浆散发出的热度使地下水变热而形成的。这种热源我们称为地热，规模大的可形成"地热田"。

维苏威火山

火山作用的另一个好处是为我们制造陆地。地球表面大约有 71% 被海水所覆盖，海底火山经年累月不断地冒出岩浆，冷凝成岩石，如此长期堆积，直到有一天岩石高出水面形成岛屿。夏威夷群岛与冰岛就是这么形成的，至今，岛上还有活动火山不时喷出岩浆。

此外，火山爆发所形成的火山灰云层会在爆发后一段时间内影响该区阻挡太阳光，该区的平均温度亦因此下降，科学家认为火山爆发是地球天然的气候调整机制。

知识点

震　级

　　地震强度大小的一种度量，根据地震释放能量多少来划分。目前国际上一般采用美国地震学家查尔斯·弗朗西斯·芮希特和宾诺·古腾堡于1935年共同提出的震级划分法，即现在通常所说的里氏地震规模。里氏规模是地震波最大振幅以10为底的对数，并选择距震中100千米的距离为标准。里氏规模每增强一级，释放的能量约增加31.6倍，相隔二级的震级其能量相差1000倍。

　　小于里氏规模2.5的地震，人们一般不易感觉到，称为小震或微震；里氏规模2.5—5.0的地震，震中附近的人会有不同程度的感觉，称为有感地震，全世界每年大约发生十几万次；大于里氏规模5.0的地震，会造成建筑物不同程度的损坏，称为破坏性地震。里氏规模4.5以上的地震可以在全球范围内监测到。有记录以来，历史上最大的地震是发生在1960年5月22日19时11分南美洲的智利，根据美国地质调查所，里氏规模达9.5。

延伸阅读

全球火山的分布

　　受火山成因的影响，世界各地的火山大多分布在板块交界处，但仍有部分例外（热点）。主要的火山带包括：

　　环太平洋火山带（又称火环）：从南美洲西岸，滨太平洋的安地斯山脉开始，经过中美洲、墨西哥、美国西岸、加拿大到阿拉斯加后，沿阿留申群岛及勘察加半岛到太平洋西岸的花彩列岛，包括千岛群岛、日本、琉球群岛、台湾及其附属岛屿、菲律宾群岛，接着连接印度尼西亚、巴布亚新几内亚、所罗门群岛，迄新西兰。本火山带之火山数目约占全世界之75％，且活动相当频繁。

中洋脊火山：包括太平洋、大西洋及印度洋三大洋的中洋脊，总长度约80 000千米，约成W形分布。但中洋脊上火山的分布并不平均，集中于大西洋中洋脊，有60余座。太平洋及印度洋中洋脊的火山相对较少。中洋脊的火山以海底火山为主，也有少部分的火山岛（例：塞舌尔、冰岛）。

东非大裂谷火山带：东非大裂谷是由非洲板块的地壳运动形成，地质学家预测几百万年后，东非可能会分裂成两个不同的板块，至今地质活动依然频繁。较著名的例子有：肯尼亚的乞力马扎罗山、刚果民主共和国的尼拉贡戈火山等。

地中海—喜马拉雅火山带：西从比利牛斯山始，迄喜马拉雅山，全长约十万千米，但分布不均。欧洲部分多分布于意大利，例如维苏威火山、埃特纳火山等。爱琴海上的多个岛屿也是火山岛，其中圣托里尼岛在史前发生过大爆发。中段几乎无火山。亚洲部分，在印澳板块及欧亚板块的交界处分布着若干火山群。

森林火灾

森林是大自然的组成部分，哪里有森林，哪里就有生命。在诸多影响森林的自然因子中，火灾对森林的影响和破坏最为严重。

森林火灾，是指失去人为控制，在林地内自由蔓延和扩展，对森林、森林生态系统和人类带来一定危害和损失的林火行为。森林火灾是一种突发性强、破坏性大、处置救助较为困难的自然灾害。

研究表明很多森林生态是依赖火的，火对森林的影响历史远比人对森林影响历史漫长的多。从能量的观点分析，森林生长是太阳能转换的能量积累方式之一，能量积累到一定程度就会释放出来。

火同水分、土壤、树木、动物一样是森林生态系统中的一个因子。森林

森林火灾

中的植物利用光合作用把太阳能转化为化学能，而火烧则是森林迅速释放大量能量的过程，这一过程是生态系统物质和能量循环的一部分。

火对森林和森林环境的影响和作用是多方面的，有时火的作用是短暂的，有时则是长期的。火烧后森林环境和小气候发生改变，由于林地裸露，太阳光直射，土壤表面温度增加，湿度变小。林火不但改变森林结构，而且会引起其他生态因子的重新分配，影响到森林植物群落的变化。

有益火烧可以促进森林生态系统的健康发展，如低强度火烧和营林用火等，有益火烧使森林生态系统的能量缓慢释放，促进森林生态系统营养物质转化和物种更新，有益于森林生态系统的健康，火烧后森林容易恢复。

人们常常利用火的有益作用开展有计划有目的的火烧，火成为人类经营森林的一种工具。例如，利用计划烧除减少林地可燃物和控制病虫、鼠害，促进森林天然更新；进行炼山造林或利用火烧进行森林抚育，也可以利用火烧促进灌木生长，改善野生动物栖息环境。

火具有两重属性，火对森林的影响概括为有害作用和有益作用，有害的被称为森林火灾。

自地球出现森林以来，森林火灾就伴随发生。全世界每年平均发生森林火灾20多万次，烧毁森林面积约占全世界森林总面积的1‰以上。我国现在每年平均发生森林火灾约1万多次，烧毁森林几十万至上百万公顷，约占全国森林面积的5‰~8‰。1987年5月黑龙江大兴安岭还发生特大森林火灾，过火面积101万公顷，其中有林面积占70%。

森林火灾的发生过程一般可分为3个阶段：

1. 预热阶段。这时在外界火源的作用下，可燃物的温度缓慢上升，蒸发大量水蒸汽，伴随产生大量烟雾，部分可燃性气体挥发，可燃物呈现收缩和干燥，处于燃烧前的状态。

2. 气体燃烧阶段。随着可燃物的温度急骤增加，可燃性气体被点燃，发出黄红色火焰，并产生二氧化碳和水蒸汽。

3. 木炭燃烧阶段。木炭燃烧即表面碳粒子燃烧，看不到火焰，只有炭火，最后产生灰分而熄灭。

火情一般分为地表火、林冠火和地下火3种。

地表火：火沿林地表面蔓延，烧毁地被物，为害幼树、灌木、下木，烧伤大树干基部和露出地面的树根等。一般温度在400℃左右，烟为浅灰色，约占森林火灾的94%。

按其蔓延速度和为害性质又分为两类：急进地表火蔓延快，通常每小时达几百米至千余多米，燃烧不均匀，常留下未烧地块，为害较轻，火烧

空中灭火

迹地呈长椭圆形或顺风伸展呈三角形；稳进地表火，蔓延慢，一般每小时仅几十米，烧毁所有地被物，乔灌木低层枝条也被烧伤，燃烧时间长，温度高，为害严重，火烧迹地呈椭圆形。

树冠火：火沿树冠蔓延，主要由地表火在强风的作用下引起。破坏性大，能烧毁针叶、树枝和地被物等，一般温度在900℃，烟柱可高达几千米，常发生飞火，烟为暗灰色，不易扑救，约占森林火灾的5%，多发生在长期干旱的针叶林内，一般阔叶林内不大发生。

按其蔓延速度和为害程度又分为两类。急进树冠火又称狂燃火，蔓延速度快，火焰跳跃前进，顺风每小时可达8千米~25千米，树冠火常将地表火远远抛在后面，形成上下两股火，火烧迹地呈长椭圆形。稳进树冠火又称遍燃火，蔓延速度慢，顺风每小时为5~8千米，树冠火与地表火，上下齐头并进，林内大部分可燃物都被烧掉，是森林火灾中为害最严重的一种。火烧迹

地为椭圆形。

地下火：又称泥炭火或腐殖质火。火在林地的腐殖质层或泥炭层中燃烧，地表看不见火焰，只见烟雾，蔓延速度缓慢，每小时仅 4 米～5 米，持续时间长，能持续几天、几个月或更长，可一直烧到矿物质层或地下水层。破坏性大，能烧掉土壤中所有的泥炭、腐殖质和树根等，不易扑灭。火烧后林地往往出现成片倒木。约占森林火灾的 1%。火烧迹地呈环形。多发生在特别干旱的针叶林地内。

世界上 95% 的森林火灾属于中度和弱度，较易控制和扑救，约有 5% 的森林大火和特大火灾很难控制和扑救，为世界各国森林经营中急待解决的重大课题。

林火发生后，按照对林木是否造成损失及过火面积的大小，可把森林火灾分为森林火警（受害森林面积不足 1 公顷或其他林地起火）、一般森林火灾（受害森林面积在 1 公顷以上 100 公顷以下）、重大森林火灾（受害森林面积在 100 公顷以上 1000 公顷以下）、特大森林火灾（受害森林面积 1000 公顷以上）。

森林火灾引发的浓烟

森林火灾不仅烧死、烧伤林木，直接减少森林面积，而且严重破坏森林结构和森林环境，导致森林生态系统失去平衡，森林生物量下降，生产力减弱，益兽益鸟减少，甚至造成人畜伤亡。

高强度的大火，能破坏土壤的化学、物理性质，降低土壤的保水性和渗透性，使某些林地和低洼地的地下水位上升，引起沼泽化；另外，由于土壤表面炭化增温，还会加速火烧迹地干燥，导致阳性杂草丛生，不利森林更新或造成耐极端生态条件的低价值森林更替。更严重的会对居民财产、交通、大气环境和人们日常生活造成影响。

因此，森林大火不仅无情毁灭森林中的各种生物，破坏陆地生态系统，而且其产生的巨大烟尘将严重污染大气环境，直接威胁人类生存条件。

➡ **知识点**

针叶林

针叶林是以针叶树为建群种所组成的各类森林的总称。包括常绿和落叶，耐寒、耐旱和喜温、喜湿等类型的针叶纯林和混交林。主要由云杉、冷杉、落叶松和松树等属一些耐寒树种组成。通常称为北方针叶林，也称泰加林。其中由落叶松组成的称为明亮针叶林，而以云杉、冷杉为建群树种的称为暗针叶林。

针叶林是寒温带的地带性植被，是分布最靠北的森林，针叶林的北界就是森林的北界。在寒温带以外的地方，也生长着很多不同类型的针叶林，但是面积比起寒温带的针叶林要小很多了。

延伸阅读

近几年欧洲国家发生的主要森林火灾

2005年8月4日，葡萄牙发生严重森林火灾，起火点多达31处，并不断蔓延至葡11个行政区。火灾共烧毁林地13万多公顷。

2005年8月7日，西班牙南部哈恩省卡索拉国家森林公园发生大火，有5100多公顷林木被烧毁。

2006年8月4日，西班牙西北部的加利西亚自治区发生严重森林火灾。火灾历时12天，约6.5万公顷林木被毁。

2007年7月，保加利亚东南部和南部地区因连续高温引发大面积森林火灾。持续的大火共焚毁森林636.2公顷。

2007年7月27日，西班牙加纳利群岛发生两起山林大火，造成至少2.4万公顷林木被毁，1万多人被迫撤离住所。

2007 年 8 月 20 日，乌克兰南部赫尔松州境内卡尔达什林区发生火灾，火灾持续数日，致使超过 3600 公顷林木被毁。

2007 年 8 月 24 日，希腊伯罗奔尼撒半岛发生特大森林火灾，大火持续 10 天，共烧毁数千公顷森林，并造成至少 64 人死亡。

2008 年 6 月 9 日，挪威南部发生严重森林火灾，持续数日的大火烧毁了 4000 多公顷林木。2009 年

2008 年 7 月 31 日，西班牙度假胜地拉帕尔马岛遭遇森林大火，造成至少 2000 公顷森林被烧毁，约 4000 人被疏散。

2008 年 8 月 21 日，希腊首都雅典北部山林发生特大森林火灾。目前，这次火灾造成的过火面积已超过 4.86 万公顷。

自然灾害后的疫病

自然灾害破坏了人与其生活环境间的生态平衡，形成了传染病易于流行的条件。

自然灾害后，随着旧的生态平衡的破坏和新的平衡的建立，灾害条件所引起的传染病流行条件的改变还将存在一个时期，这种灾害的"后效应"使灾害条件下的传染病控制与其他的抗灾工作不同的一个重要特征。当自然灾害的直接后果被基本消除之后，消除其"后效应"将成为工作的重点，而且这种工作实际上将成为灾害条件下传染病控制的主要工作。

对于不同类型的自然灾害，传染病控制工作也具有不同的特征。在这个意义上，可将灾害划分为突发性灾害，包括水灾，地震、火山喷发、海啸、台风等在短时期内造成重大损害的自然灾害；渐进性灾害，包括旱灾和现在已罕见的虫灾引起的饥荒等。后一类灾害由于没有对人类基本生活条件形成突然冲击，传染病防治工作可以更有组织的展开。

自然灾害对传染病流行机制的影响

1. 饮用水供应系统被破坏

绝大多数的自然灾害都可能造成饮用水供应系统的破坏，这将使灾害发

生后首当其冲的问题，常在灾害后早期引起大规模的肠道传染病的爆发和流行。

在水灾发生时，原来安全的饮用水源被淹没、被破坏或被淤塞，人们被迫利用地表水为饮用水源。这些水往往被上游的人畜排泄物、人畜尸体以及被破坏的建筑中的污物所污染，特别是在低洼内涝地区，灾民被洪水较长时间的围困，更已引起水源性疾病的暴发流行。孟加拉国水灾时曾因此造成大量的人群死亡。

在地震时，建筑物的破坏也会涉及供水系统，使居民的正常供水中断，这对于城市居民的影响较为严重，而且由于管道的破坏，残存的水源极易遭到污染。海啸与风灾也可能造成这种情况。

灾害时，由于许多饮用水源枯竭，造成饮用水集中。在一些易于受灾的缺水地区，居民往往需要到很远的地方去取的饮用水。一旦这些水源受到污染，将会造成疾病的暴发流行。如四川巴塘曾因旱灾而发生过极为严重的细菌性痢疾流行。

在一些低洼盐碱地区，水旱灾害还会造成地下水位的改变，从而影响饮用水中的含盐量和 PH 值。当水中的 PH 值与含盐量升高时，有利于霍乱弧菌的增殖，因而在一些霍乱疫区，常会因水旱灾害而造成霍乱的再发，并且能延长较长时间。

2. 食物短缺

尽管向灾区输送食物已成为救灾的第一任务，但当规模较大，涉及地域广阔的自然灾害发生时，局部的食物仍然难以完全避免。加之基本生活条件的破坏，人们被迫在恶劣条件下储存食品，很容易造成食品的霉变和腐败，从而造成食物中毒以及食源性肠道传染病流行。

水灾常伴随阴雨天气，这时的粮食极易霉变。最近发生的我国南方数省的一次大规模水灾过程中，就曾发生多起霉变中毒事件。当灾害发生在天气炎热的季节时，食物的腐败变质极易发生。由于腌制食品较易保存，在大规模灾害期间副食品供应中断时，腌制食品往往成为居民仅有的副食，而这也为嗜盐菌中毒提供了条件。

食物短缺还会造成人们的身体素质普遍下降，从而使各种疾病易于发生和流行。

3. 燃料短缺

在大规模的自然灾害中，燃料短缺也是常见的现象，在被洪水围困的灾民中更是如此。

燃料短缺首先是迫使灾民喝生水，进食生冷食物，从而导致肠道污染病的发生与蔓延。

在严重的自然灾害后短期内难以恢复燃料供应时，燃料短缺可能造成灾民个人卫生水平的下降。特别是进入冬季，人群仍然处于居住拥挤状态，可能导致体表寄生虫的孳生和蔓延，从而导致一些本来已处于控制状态的传染病（如流行性斑疹伤寒等）重新流行。

4. 水体污染

洪水往往造成水体的污染，造成一些经水传播的传染病大规模流行，如血吸虫病，钩端螺旋体病等。但洪水对于水体污染的作用是两方面的。在大规模的洪水灾害中，特别是在行洪期间，由于洪水的稀释作用，这类疾病的发病并无明显上升的迹象，但是，当洪水开始回落，在内涝区域留下许多小的水体，如果这些小的水体遭到污染，则极易造成这类疾病的爆发和流行。

5. 居住条件被破坏

水灾、地震、火山喷发和海啸等，都会对居住条件造成大规模的破坏。在开始阶段，人们被迫露宿，然后可能在简陋的棚屋中居住相当长的时间，造成人口集中和居住拥挤。

露宿使人们易于受到吸血节肢动物的袭击。在这一阶段，虫媒传染病的发病率可能会增加，如疟疾、乙型脑炎和流行性出血热等；人口居住的拥挤状态，有利于一些通过人与人之间密切接触传播的疾病流行，如肝炎、红眼病等。如果这种状态持续到冬季，则呼吸道传染病将成为严重问题，如流行性感冒、流行性脑脊髓膜炎等。

6. 人口迁徙

自然灾害往往造成大规模的人口迁徙。唐山地震时，伤员运送直达位于我国西南腹地的成都和重庆。在城市重建期间，以投亲靠友的形式疏散出来的人口，几乎遍布整个中国。而今现在的经济条件下，灾区居民外出并从事劳务活动，几乎成了生产自救活动中最重要的形式。

人口的大规模迁徙，首先是给一些地方病的蔓延造成了条件，并使一些疾病大流行，如中世纪的黑死病，光绪年云南发生一次鼠疫大流行，就是从人口流动开始的。

人口流动造成了两个方面的问题。其一当灾区的人口外流时，可能将灾区的地方性疾病传播到为受灾的地区。更重要的是，当灾区开始重建，人口陆续还乡时，又会将各地的地方性传染病带回灾区。如果受灾地区具备疾病流行的条件，就有可能造成新的地方病区。其二是它干扰了一些主要依靠免疫来控制疾病的人群的免疫状态，造成局部无免疫人群，从而为这些疾病的流行创造了条件。

自然灾害对传染病生物媒介的影响

许多传染病并不只是在人群间辗转传播，除了人之外还有其他的生物宿主。一些疾病必须通过生物媒介进行传播。灾害条件破坏了人类、宿主动物、生物媒介以及疾病的病原体之间旧有的生态平衡，并将在新的基础上建立新的生态平衡，因此，灾害对这些疾病的影响将更加久远。

1. 蝇类

蝇类是肠道传染病的重要传播媒介，它的孳生与增殖，主要由人类生活环境的不卫生状况来决定。大的自然灾害总是会对人类生活环境的卫生条件造成重大破坏，蝇类的孳生几乎是不可避免的。

地震过后，房倒屋塌。死亡的人和动物的尸体被掩埋在废墟下，还有大量的尸体及其他有机物质，在温度的气候条件下，这些有机成分会很快腐败，为蝇类提供了易孳生的条件。因而，向唐山地震那样大的地震破坏，常会在极短的时间内出现数量惊人的成蝇，对灾区居民构成严重威胁。

苍　蝇

洪水退后，溺死的动物尸体，以及各种有机废物将大量地在村庄旧址上沉积下来，如不能及时消除，也会造成大量的蝇类滋生。

即使在旱灾情况下，由于水的缺乏，也会存在一些不卫生的条件，而有利于蝇类的滋生。因此，在灾后重建的最初阶段，消灭蝇类将是传染病控制工作中的重要任务。

2. 蚊类

在传播疾病的吸血节肢动物中，蚊类是最主要的，与灾害的关系也最为密切。在我国常见的灾害条件下，疟疾和乙型脑炎对灾区居民的威胁最为严重。

蚊的孳生需要小型静止的水体。因而，在大的洪灾中，行洪期间蚊密度的增长往往并不明显。但在水退后，在内涝地区的低洼处往往留有大量的小片积水地区，杂草丛生，成为蚊类最佳繁殖场所。此时如有传染源存在，就会使该地区的发病率迅速升高。

旱灾可使一些河水断流，湖沼干涸，而这些河流与湖泊中残留的小水洼，也会成为蚊类的良好孳生场所。

在造成建筑物大量破坏的灾害如地震与风灾中，可能同时造成贮水建筑和管道的破坏。自来水的漫溢，特别是生活污水在地面上的滞留，也会成为蚊类大量孳生的环境。

灾害不仅会造成蚊类密度升高，还造成蚊类侵袭人类的机会增加。被洪水围困的居民，由于房屋破坏而被迫露宿的居民，往往缺乏抵御蚊类侵袭的有效手段，这也是造成由蚊类传播的疾病发病率上升的重要原因。

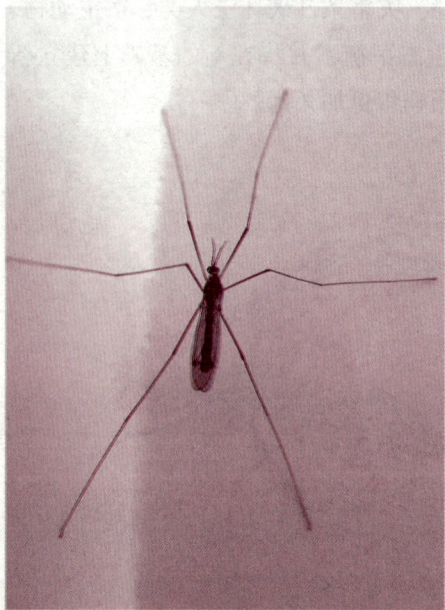

蚊子

3. 其他吸血类节肢动物

在灾害条件下，主要表现为吸血类节肢动物侵袭人类的机会增加，蚊类有时会机械的传播一些少见的传染病如炭疽等。人类在野草较多，腐殖质丰富的地方露宿时，容易遭到恙螨、革螨等的侵袭，在存在恙虫病和流行性出血热的地区，这种对人类的威胁大量增加。发生在森林地区的灾害如森林火灾迫使人类在靠近灌木丛的地区居住时，会使蜱类叮咬的机会增加，并可能导致一系列的疾病如森林脑炎、莱姆病和斑点热等的流行。

4. 寄生虫类

在我国，现存的血吸虫病的分布多处于一些易于受到洪涝灾害的区域，而钉螺的分布，则受到洪水极大的影响。

在平时，钉螺的分布随着水流的冲刷与浅滩的形成而不断变化。洪水条件下，有可能将钉螺带到远离其原来孳生的地区，并在新的适宜环境中定居下来。因而，洪涝灾害常常会使血吸虫病的分布区域明显扩大。

5. 家畜

家畜是许多传染病的重要宿主，例如猪和狗是钩端螺旋体病的宿主，猪和马是乙型脑炎的宿主，牛是血吸虫病的宿主。当洪水灾害发生时，大量的灾民和家畜往往被洪水围困在其为狭小的地区。造成房屋大量破坏的自然还海，也会导致人与家畜之间的关系异常密切。这种环境，会使人与动物共患的传染病易于传播。

钉 螺

6. 家栖及野生鼠类

家栖的和野生的鼠类是最为重要的疾病宿主，其分布与密度受到自然灾害的明显影响。

大多数与疾病有关的鼠类，在地下穴居生活，他们的泅水能力并不十分强。因而，当较大规模的水灾发生时，会使鼠类的数量减少，然而，部分鼠类可能利用漂浮物逃生，集中到灾民居住的地势较高的地点，从而在局部地区形成异常的高密度。在这种条件下，由于人与鼠类间的接触一旦密切，便有可能造成疾病的流行。

由于的鼠类繁殖能力极强，在被洪水破坏的村庄和农田中通常遗留下可为鼠类利用的丰富的食物，因而在洪水退后，鼠类密度可能迅速回升，在其后一段时间内，会出现极高的种群密度，从而促使疾病流行，并危及人类。

干旱可能使一些湖沼地区干涸，成为杂草丛生的低地。这种地区为野生鼠类提供了优越的生活环境，使其数量高度增长。曾有报道说这种条件引起了人群流行性出血热的流行。

地震等自然灾害造成大量的房屋破坏，一些原来鼠类不易侵入的房屋被损坏，

田　鼠

废墟中遗留下大量的食物使得家栖的鼠类获得了大量繁殖的条件。当灾后重建开始，居民陆续迁回原有的住房时，鼠患可能成为重大问题，由家鼠传播的疾病的发病率也可能上升。

自然灾害之后传染病的发展趋势

由于自然灾害对传染病发病机制的影响，在自然灾害之后，可能呈现一种阶段性的特点。突发性自然灾害发生时，首当其冲的是饮用水和食品的来源遭到破坏，因此，肠道传染病将是在灾后早期的主要威胁。特别是水源污染和食物中毒，往往累及大量的人口，应是灾后早期疾病控制的重点。

房屋的破坏使大量人口露天居住，容易受到吸血类节肢动物的侵袭。但由于节肢动物的数量和传染源数量需要有一个积累过程，因此，传染病的发生通常略晚，并可能是一个渐进的过程。

人口的过度集中，使通过密切接触的传染病发病率上升。如果灾害的规模较大，灾区人口需要在检疫条件下生活较长的时间，当寒冷季节来临时，呼吸道传染病的发病率也将随之上升。

人口迁徙可能造成两个发病高峰。第一个高峰由人口外流引起，但由于病人分布在广泛的非受灾地区之内，这个发病高峰往往难以察觉，不能得到相应的重视。当灾区重建开始，外流的灾区人口重返故乡时，将出现第二个

发病高峰，并往往以儿童中的发病率为特征。

灾后实际上是一个生态平衡重建的过程，这一时期可能要持续两三年甚至更长一些时间，在这个期间内，人与动物共患的传染病，通过生物媒介传播的传染病，都可能呈现出与正常时间不同的发病特征，并可能具有较高的发病率。

知识点

炭疽

炭疽是由炭疽芽孢杆菌引起的传染性疾病。该病是牛、马、羊等动物传染病，但偶尔也可传染给从事皮革、畜牧工作的人员，该细菌在1877年首次发现。

炭疽杆菌的芽孢可以抵御很强的紫外线，高温等恶劣环境，在适合的环境下，芽孢会从新开始活动，变成有感染能力炭疽杆菌。

延伸阅读

传染病的分类

传染病是由各种病原体引起的能在人与人、动物与动物或人与动物之间相互传播的一类疾病。病原体中大部分是微生物，小部分为寄生虫，寄生虫引起者又称寄生虫病。

我国《传染病防治法》根据传染病的危害程度和应采取的监督、监测、管理措施，参照国际上统一分类标准，结合我国的实际情况，将全国发病率较高、流行面较大、危害严重的39种急性和慢性传染病列为法定管理的传染病，并根据其传播方式、速度及其对人类危害程度的不同，分为甲、乙、丙3类，实行分类管理。

甲类传染病也称为强制管理传染病，包括：鼠疫、霍乱。对此类传染病发生后报告疫情的时限，对病人、病原携带者的隔离、治疗方式以及对疫点、疫区的处理等，均强制执行。

乙类传染病也称为严格管理传染病，包括：传染性非典型肺炎、艾滋病、病毒性肝炎、脊髓灰质炎、人感染高致病性禽流感、麻疹、流行性出血热、狂犬病、流行性乙型脑炎、登革热、炭疽、细菌性和阿米巴性痢疾、肺结核、伤寒和副伤寒、流行性脑脊髓膜炎、百日咳、白喉、新生儿破伤风、猩红热、布鲁氏菌病、淋病、梅毒、钩端螺旋体病、血吸虫病、疟疾、甲型 H1N1 流感（原称人感染猪流感）。

丙类传染病也称为监测管理传染病，包括：流行性感冒、流行性腮腺炎、风疹、急性出血性结膜炎、麻风病、流行性和地方性斑疹伤寒、黑热病、包虫病、丝虫病，除霍乱、细菌性和阿米巴性痢疾、伤寒和副伤寒以外的感染性腹泻病。

2008 年 5 月 2 日，卫生部已将手足口病列入传染病防治法规定的丙类传染病进行管理。

人 类
——环境破坏的罪魁祸首
RENLEI HUANJING POHUAI DE ZUIKUI HUOSHOU

　　慈祥的地球母亲给人类留下了许多非常宝贵的财富，大气、水、生物等等，它们不仅给人类的生存提供了有力的保证，而且还丰富了人类的精神生活和物质生活，并且，随着科学技术的发展，这些宝贵的财富将有着不可估量的重大价值。

　　但是，人类在"资源取之不尽，用之不竭"的错误认识中，丝毫没有珍惜这些宝贵的财富，乱取乱用，自20世纪60年代开始，出现了人口爆炸、资源饥荒和污染失控及生态平衡失调等许许多多的灾难，人类的生存环境遭到了极大地破坏。

人口剧增的压力

　　人类是地球生物中的消费贵族，对环境的贪婪的索取和肆意的破坏真是惊天地、泣鬼神，每增加一个人，地球环境就必须给他支付土地、空气、水、森林、能源和生物资源，而且这种支付必须是双份，一份用来维持这个人生命的存在，一份供这个人用作额外消费，比如破坏。

　　从远古到现在，人口的增长速度越来越快，人类对于环境的索取越来越多，破坏环境的力度越来越大。地球环境的资源是有限的，它正在一天天地减少；而人口的增长是无限的，如今地球上的人口总数已超过 70 亿，且正在以每年 2% 的速度增长，也就是说，从今往后地球每年至少要增加 1.4 亿人。

在现代社会，人类的消费水平大大提高。发达国家人均消费是发展中国家的几倍甚至十几倍，这种高消费势必要消耗更多的能源、水和食物，又要排出更多的废水、废气、废渣，光生活垃圾就已是许多城市头疼的大问题了，可见人口剧增给环境带来的压力之大了。

生活垃圾

人口剧增给土地资源带来了巨大压力。以我国为例，预计到 21 世纪 30 年代，我国人口将达到 16 亿～17 亿，届时粮食总量至少需要比目前水平增加 5000 亿斤。有专家担忧，这增加的一部分粮食从我国哪里的耕地中产出？这些人又将居住在哪里？

据科学计算，地球上生产的食物最多可以养活 80 亿人，这个数字，再过几十年就能达到。这就要求土地支付足以使这些人生活的粮食和生存空间。如果人类不得不靠施用大量化肥和农药来提高粮食产量，垦荒为田，或者把良田变为城市，那么这些都势必以破坏环境为代价。

人口剧增自然会增加对木材的要求，乱砍滥伐使森林面积一天天减少，土地荒漠化、水土流失等生态恶化问题更趋于严重。

人口剧增会带来新的能源危机。据勘察，地球上可供开采的石油有 816 亿吨，天然气 495 亿吨，煤 10 万亿吨。按目前的消费状况，石油将在三四十年内采完，煤炭也只能开采 250 年左右。

人口剧增在一定程度上减少了水资源的总量，人类已经尝到水资源缺乏的滋味。由于人类农业、工业、生活用水量急剧增加、水资源污染严重、生态失衡导致雨量减少等原因，在全球人口刚过 70 亿，世界性的水资源已经告急，所以节约用水和开发新的淡水资源势在必行。

人口剧增对生物资源的需求量增大，由于人类吃的范围越来越广和生态环境的进一步恶化，致使生物物种大量灭绝。

总之，人类现在所面临的一切环境危机，无不与全球人口剧增有关。考虑到地球环境的承受能力，人类必须坚决彻底地有计划地控制人口增长。

▶▶ 知识点

沙 漠 化

沙漠化是指干旱和半干旱地区，由于自然因素和人类活动的影响而引起生态系统的破坏，是原来非沙漠地区出现了类似沙漠环境的变化过程。

沙漠化现象可能是自然的。作为自然现象的沙漠化是因为地球干燥带移动，所产生的气候变化导致局部地区沙漠化。

不过，今日世界各地沙漠化原因，多数归咎于人为原因：过度放牧，过度樵采，过度农垦，水资源利用不当，工矿交通建设中不注意环保等造成的。

延伸阅读

不均衡的人口增长格局

根据联合国数据，世界人口已经达到70亿。与之相伴，世界人口的增长却极其不均衡，发达国家人口要么已经停止增长，要么增长缓慢，而很多发展中国家人口增长仍然很快。每年新增的7800万口很大一部分分布在最贫穷的一些国家。

目前，发达国家的生育率大大低于更替水平。2005年~2010年，发达国家的总和生育率已经下降到1.6，其中低于1.3的国家有14个。在平均生育年龄为30岁的稳定人口中，1.3的总和生育率意味着人口规模每年下降

1.5%，人口规模 45 年就会减半。

发展中国家的情况则截然不同。在 150 个发展中国家中，2005 年~2010 年，仍然高于每个妇女 5 个孩子生育水平的国家有 27 个，世界上最不发达国家妇女平均每人生育 4.4 个孩子，其中撒哈拉沙漠以南非洲国家每个妇女平均生育 5.3 个孩子。目前，非洲大陆人口已经达到 10 亿，且以每年 2400 万的速度递增，预计到 2050 年将超过 20 亿。

根据联合国最新的人口预测，未来世界新增人口的 97% 分布在发展中国家。

其结果是，发展中国家人口占世界人口的比重将从 82% 上升到 87%，发达国家的比重相应地从 18% 下降到 13%。世界人口的不均衡增长正在给世界经济社会发展带来深刻影响。

工业化的代价

在环境方面，人类及其生产活动排入生态系统的废物量不得超过生态系统的承受力，即生态系统的自净能力。如果超过自净能力，就会导致生态环境的严重污染和生物资源的破坏，反过来影响人类及其生产活动的正常进行。如果超过环境的分解、吸收能力，就会导致环境被破坏，在此环境中生长的动植物被扼杀。例如，农田中化肥和农药使用过量，不仅影响农作物生长，而且未被分解的化肥、农药流入江河，影响鱼类的生长，甚至通过食物

河流污染

链的积聚，影响人的身体健康。

总之，生态系统的平衡是脆弱的，尽管生物的再生能力很强，保证了生

态系统的自我调节能力。但是，地球上生物和非生物之间，即生态系统的内部相互依赖是如此密切，以致任何一个环节都潜在着由于受到冲击而难以恢复的危险。一旦那种微妙的平衡被破坏，就有可能造成预料不到的，有时是毁灭性的后果。

更为严重的是，迄今为止，我们对地球和生态系统的了解很肤浅，还有许多东西未被认识。地球的许多惊人而复杂的力量一旦迸发出来，如同蛋壳似的脆弱的生态平衡，有可能在一瞬间被打破。当然，也有的要经过几十年、几百年乃至上千年，才能导致失衡。

正是这种脆弱的生态平衡被打破，给人类社会文明带来了严重后果。从土耳其发源的底格里斯河及幼发拉底河之间，原为肥沃之地，亦为世界文明发源地之一，曾经哺育了巴比伦文明。后来，由于植被受到破坏，丰腴富饶的美索不达米亚平原变成了片片沙漠，巴比伦文明随之衰落、消失。

印度和巴基斯坦之间的塔尔平原，曾是印度河流域农业富庶地区，由于上游植被遭破坏，水土流失加剧，风沙紧逼，形成了 65 万平方千米的塔尔大沙漠。

我国的黄河流域，曾是文明的发源地，由于同样的原因，已变成光秃秃的黄土高原。

前苏联帮助埃及建设的阿斯旺水坝，目的用于灌溉和发电，却使尼罗河水文等生态条件发生很大变化，农田土壤盐渍化，坝内水中的营养物减少，水质变差，鱼类产量锐减，血吸虫的寄生

塔尔地区

蜗牛和疟蚊增加，严重破坏了当地的农业生产条件，加剧了对人类的危害。

如果说，古代几大文明的消失仅是地球生态系统局部受到冲击的结果，那么，自产业革命以来，地球受到的压力越来越大，对整个生态系统形成严重威胁。

18世纪60年代，英国等西欧资本主义国家开始掀起工业革命，最大特点是，变手工操作为机器生产，并从工业部门扩展到交通运输、农业等部门。它极大地推动了社会生产力的发展，使人类以更快的速度进入具有高度文明的社会。出现在人类面前的再也不是中世纪的风貌，田园诗般的宁静和安逸已成历史；代之而起的是喧闹的机器声和城市的繁华景象。资产阶级登上了历史舞台，以其庞大的财富作为后盾，成为统治阶级，自由平等、竞争已成为其时尚的道德观念。无限的贪欲，残酷的竞争，像两个不断运转的车轮，推动着资本主义国家的经济向前发展。

到19世纪下半期，世界进入了以电力广泛使用为特点的电气时代，开始了第二次工业革命。电，如同魔术师，流到哪里就使哪里的面貌迅速改观。同时，内燃机的发明，化学工业的兴起，钢铁工业的扩大，运输部门的现代化，不仅推动了经济的增长，更重要的是使产业结构重化工业化，从而完成了工业化过程。

欧洲工业革命

随着工业化的完成，科技的不断发展，人类改造自然能力的加强，地球的环境就受到越来越大的冲击。地球污染、生态平衡的问题也越来越严峻。

此外，发达国家还以所谓文明礼貌形式夺取并消耗全球的大部分自然资源，事实上减少以至剥夺了穷国发展经济的可能性，而且造成穷国和富国的对立。时至今日，全球的贫困现象仍很严重，穷人的数量继续增长：1985年为10亿，而1990年就增加到11亿，大约占世界总人口的1/5。

贫困是许多地区资源利用过度和环境污染的主要原因。对那些勉强度日的赤贫者来说，生存的需要压倒一切。他们维持每日的生活已经捉襟见肘，根本没有余力去考虑明天，更谈不上改善环境了，在撒哈拉沙漠以南的非洲、中东和北非以及亚洲的某些地区，贫困迫使农民对土地进行超负荷的经营，从而造成土壤的退化和盐碱化；而在热带地区，毁林开荒的现象十分严重，由此造成水土流失，很快就使土地的生产力丧失殆尽。贫困和资源耗竭、环境恶化互为因果，形成了又一个恶性循环。

环境破坏和污染的情况也一样，发达国家排放的污染物总量大，但总体上看已受到控制并开始下降，许多地方的环境治理工作很有成效。

另一方面，发展中国家的环境破坏和污染正在加剧。由于贫穷，他们无法拒绝低成本高污染生产方式的诱惑，更不愿将有限的资源用于治理污染。对这些国家来说，当前的经济增长是第一位的目标，一时还顾不上考虑未来的代价。

污染和环境的破坏是跨国界的，其他国家的人民被迫分担其后果和代价。例如。墨西哥北部工业区大量消耗矿物燃料，由于风向的原因，美国深受酸雨之害；而美国东北部的工业又把酸雨带给加拿大。解决这类跨国界问题很困难，其结果往往取决于国家间力量的对比，因而缺乏公正。

在许多发展中国家看来，今天的环境问题大多数是发害国家地过去的行为造成的。大气中积累的二氧化碳和氟氯烃等有害物质是这样，全球森林面积减少和土壤退化也是这样。

因此，在治理污染和环境问题上，发达国家应当承担更大的责任，包括向发展中国家提供技术和经济援

毁林开荒

助，使他们有国能力在保持经济增长的同时改善环境。如果今天就要求发展中国家采用发达国家的环境标准，并且自行承担全部代价，那么，无异于剥夺了他们发展的机会，是十分不公平的。

知识点

酸 雨

酸雨正式的名称是为酸性沉降，它可分为"湿沉降"与"干沉降"两大类，前者指的是所有气状污染物或粒状污染物，随着雨、雪、雾或雹等降水型态而落到地面者，后者则是指在不下雨的日子，从空中降下来的落尘所带的酸性物质而言。

延伸阅读

三次工业革命发展特征

第一次工业革命发展特征：

1. 从英国一国先开始。

2. 发生于英国（18世纪中）延续到法、美、德、意、俄、奥、日等国。

3. 从发明使用机器开始，主要由有实践经验的工人、技师进行。

4. 人类社会进入"蒸汽时代"。

第二次工业革命发展特征：

1. 第二次工业革命几乎同时发生在几个先进的资本主义国家。

2. 自然科学的新发展开始同工业生产紧密结合，科学技术起了重要作用。

3. 某些国家两次工业革命同时进行。

4. 科学技术成就应用于工业，在三个方面产生了巨大的影响：a 新能源发展利用，b 新机器新产品创制，c 远距离通信

5. 人们从"蒸汽时代"进入"电气时代"，交通运输新纪元到来。

第三次科技革命发展特征：

1. 科学技术在推动生产力发展方面起着越来越重要的作用，科学技术转化为直接生产力的速度加快。

2. 科学和技术密切结合，相互促进没，使科研探索领域不断开阔。

3. 科学技术各个领域之间相互渗透，一方面学科越来越多，分工越来越细，研究越来越深。另一方面，学科之间的联系越来越密切，相互渗透的程度越来越深，科学研究朝着综合性方向发展。

4. 军事技术率先突破，而后带动民用技术，是第三次科技革命的重要特征。

战争对环境的危害

战争是人类史上一次考验，虽然对人类来说是一次考验，但对大自然却造成了很大的危害。

战争对环境的影响

1. 古代打仗主要动用的是人力资源、农业资源和可以直接利用的自然资源，战争胜负主要取决于敌我双方实力的消耗，因此，古代战争对生态环境破坏具有十分的限制。

2. 战争对生态环境破坏比较容易恢复。由于这种破坏没有对生态环境构成深层的、大规模的、系统性的破坏，因而这种破坏的环境经过较短时间的自然调整、或简单的人工补救就可以恢复。这种环境破坏不会对生态环境构成严重的危险，此时的人们关于战争对生态环境的影响关注不多，直到进入 20 世纪特别是机

古代战争

械、化学、生物和核武器出现后，人们才真正重视起来。

在能源储备竞赛阶段，战争对环境的影响有以下几个方面：

第一，能源对抗阶段的战争的作用空间得到急剧拓展。

近代以来，依靠工业革命武装起来的海军、空军和陆军，与古代战争相比发生了科技进步，战争对环境的破坏程度加剧。

第二，以高度发达的科学技术为支撑的信息化战争对环境的危害程度可能加剧且持续时间绝对延长；平民百姓在战时死亡少，但战后却因环境恶化大量死亡。

随着人类科技的进步，核武器成为了世界上对自然危害最大的"杀手之一"例如第二次世界大战时，美国用轰炸机对日本投放了两颗原子弹，分别为："小男孩"和"胖子"。炸死了日本的 35 万人，并且造成了几十年的核辐射给地球造成了很大的危害，由此可见原子弹的威力是很大的。

1988 年联合国发表了一项报告，警告说，如果打起核大战，地球上的 50 亿人将有 40 亿人在当时死伤或在战后饿死。这个报告是由联合国委托的国际专家团就一场核大战对人类、地球生态、大气等各方面造成的影响，描绘的一幅核大战后的地球惨状图。

这个国际专家团是由 11 个国家的专家组成的。当时的报告认为，世界上的核弹头总量已达 5 万个以上，爆炸起来相当于 15 000 百万吨的 TNT。核弹爆炸后除了直接杀死数以 10 亿计的人之外，还会形成气候灾变。

现今世界的人类好像坐到了火药堆上，当时地球上无论男女老幼，每人都可以分到最少 3 吨的炸药。如果以广岛原子弹轰炸的死亡人数来计算，那么当时所存核武器的杀伤力可消灭整个地球人类 50 次。

当然，不仅仅只有气候灾变的问题，核战争的结果，在城市和工业地区，合成材料大规模的燃烧将释放（除烟之外）一种致命的有毒混合气体（称为热毒），其中有一氧化碳、氧化氮、臭氧、氰化物，这类气体将覆盖北半球大部分地区，并持续好几个月。

核战争将使生物圈发生广泛而深刻的破坏，几乎是不可避免的。由于阳光在相当长时间内减少绝大部分，这意味着对绿色植物，即所有重要的生态系统的基础遭到毁坏。因为所有的动物包括人在内都直接或间接地依赖于绿色植物，而后者是通过光合作用从阳光中获得能量的。所以严重的缺乏阳光也就意味着生物量的锐减。

在核战争的烟云覆盖着的天空，由于几周之内光强太小，以致大多数植物不能生长。100 亿吨级爆炸的严重情况，会把正午变得相当于午夜，并维持好多周，暗得根本不可能进行光合作用，要相当长时间才能完全恢复到核爆炸前的光照强度。

水上的生态系统也将受到破坏。作为海上生态系统的光合作用基地的海上浮游植物，对于过长的黑暗高度敏感；它们的消失将马上导致海上食物链中更高级的动物饿死。在海岸一带盛行的强烈的暴风雨，会使得想捕捞幸存的水生生物也很困难。

国际间及国内社会和政治冲突的极端形式是战争。历史上各种战争的直接原因很多：民族、宗教、意识形态等等，不一而足；但是，归根结底经济利益的冲突是最根本的原因。人们为了争夺资源而进行战争，但是战争又大规模地消耗稀缺的资源，毁灭利用资源生产出来的财富，破坏人们赖以生存的环境，直至消灭人类的生命。

20 世纪人类已经历了两次世界大战。第一次世界大战丧生的人数超过800 万，受伤者高达 2200 万其中 700 万人终身残废。财产损失大约 2600

核爆炸

亿美元。第二次世界大战的规模更大，损失也更惨重。据不完全统计，世界各国总伤亡人类约 1 亿，财产损失 4 万多亿美元。

在 1991 年初爆发的海湾战争战争中，破坏最大的是油田。科威特当时有1080 口油井，大约有 950 口在战争中遭到破坏，其中 600 多口被点燃，每天烧掉大约 600 万桶石油，价值 1.2 亿美元。

这场石油火灾造成了人类历史最惨重的环境污染。白天浓烟滚滚黑云蔽日，中午时分能见度不过 3 米，入夜烈火熊熊映天彻地，蘑菇状烟直达云霄。燃烧的油井每月向大气层释放 67.5 万吨烟灰，里面饱含炭黑微粒、二氧化硫、硝酸、致癌的烃和剧毒的二恶英混合物。人们吸入后感到胸闷、气急、心脏病和呼吸系统疾病急剧增加。一些有毒物质将逐渐进入食物链，导致今后几十年里癌症病人和各种畸形人数量激增。

硫酸和硝酸将产生酸雨，破坏周围沙漠国家极其宝贵的植被和农田。流向波斯湾的数千万桶原油在海上形成了大面积的油膜，一只只沾满油污的海鸟绝望地挣扎不起，因无力起飞而死在海中。浓烟和油膜遮住了阳光，浮游生物因而失去了生命之源，整个海中生物链面临断绝的危险。

波斯湾是一个近乎封闭的生态环境，海水流动十分缓慢，大约要 200 年时间全部海水才能完全更换。因此该地区生态系统和渔业生产的恢复将是非常困难的。不仅如此，海湾的灾难还可能影响亚洲季风，导致印度和东南亚地区雨量减少并造成干旱。

海湾战争

📚 知识点

海湾战争

海湾战争，1991 年 1 月 17 日~2 月 28 日，以美国为首的多国联盟在联合国安理会授权下，为恢复科威特领土完整而对伊拉克进行的局部战争。

1990 年 8 月 2 日，伊拉克军队入侵科威特，推翻科威特政府并宣布吞并科威特。以美国为首的多国部队在取得联合国授权后，于 1991 年 1 月 16 日开始对科威特和伊拉克境内的伊拉克军队发动军事进攻，主要战斗包括历时 42 天的空袭、在伊拉克、科威特和沙特阿拉伯边境地带展开的历时 100 小时的陆战。多国部队以较小的代价取得决定性胜利，重创伊拉克军队。伊拉克最终接受联合国 660 号决议，并从科威特撤军。

延伸阅读

2011年防止战争和武装冲突糟蹋环境国际日致辞

防止战争和武装冲突糟蹋环境国际日致辞（2011年11月6日 潘基文）

自十年前宣布防止战争和武装冲突糟蹋环境国际日以来，联合国大家庭更深刻理解了战争和环境之间的复杂关系以及自然资源在助长和资助动乱和暴力行为方面的作用。

从塞拉利昂到东帝汶，各国在缓解环境风险方面获得了帮助，从而通过可持续使用自然资源，建设和平并发挥经济潜能。但环境仍是引起人们关切的主要原因。环境也一直是战争诸多牺牲品之一。与此同时，对自然资源的需求继续增加，以满足不断增长的全球人口的需求。今后几十年里，包括冲突后国家在内的脆弱国家可能会面临激烈的资源争夺战。而气候变化对供水、粮食保障、海平面上升以及人口分布产生的可预测影响只会使这场争夺战愈演愈烈。

加强各国透明、公平、可持续管理自然资源的能力，将依然是维持和平与建设和平以及我们向各会员国提供整体发展支持的重要组成部分。鉴于联合国维持和平行动在为冲突后国家提供支助方面具有关键作用，因此，联合国维持和平行动有着得天独厚的条件，可在如何保护环境和管理自然资源方面发挥积极影响。首先第一步就是尽量减少我们自己行动的环境足迹。

在我们纪念这一国际日之际，让我们认识到，无论是在和平时期还是在战争时期，破坏环境都会造成广泛而长期的后果。让我们重申我们对自然资源进行可持续管理的承诺，这是持久和平与安全的一个关键要素。

（2001年11月5日，联合国大会通过第56/4号决议，宣布每年11月6日为防止战争和武装冲突糟蹋环境国际日。

大会认为环境在武装冲突中受到的破坏在冲突过后仍会长期危害生态系统和自然资源，并往往扩及国家疆界以外，并祸延后代。强调必须努力保护我们共同的环境。）

并非完全安全的核能

核能是 20 世纪人类的一项伟大发现，并已取得了十分重要的成果。1942 年 12 月 2 日，美国著名科学家恩利克·费米领导几十位科学家，在美国芝加哥大学成功启动了世界上第一座核反应堆，标志着人类从此进入了核能时代。在这以前人类利用的能源，只涉及到物理变化和化学变化，当核能进入人们的生产和生活后，一种通过原子核变化而产生的新能源从此诞生。

第一座反应堆首次启动时，功率仅为 0.5 瓦。60 年后，核能已占全世界总能耗的 6%。国际原子能机构公布，截至 2002 年底，全世界共有 441 台核电机组在运行，2002 年共生产电力 2.574 万亿千瓦小时，约占当年世界总发电量的 17%。其中，核发电量占本国总发电量比例最高的国家是立陶宛，达到 80%，其次是法国，达到 79%。

当前，世界上的主要能源是煤、石油、天然气这些化石燃料，化石燃料不是可再生能源，用掉一点儿就少一点儿。燃烧化石燃料向大气排放大量的"温室气体"二氧化碳、形成酸雨的二氧化硫和氮氧化物，并排放大量的烟尘，这些有害的物质对环境造成了严重的破坏。核能不产生这些有害物质。

1987 年，世界卫生组织总干事布伦特兰领导的世界环境和发展委员会提出了"可持续发展"的概念，就是"既满足当代人的需求，又不危及后代人满足其需求的发展。"为了实现可持续发展，人类迫切地需要新的替代能源。目前，唯一达到工业应用、可以大规模替代化石燃料

煤

的能源，就是核能。

　　核能分为核裂变能和核聚变能两种。核裂变能是通过一些重原子核发生"链式裂变反应"释放出的能量，核聚变能是由两个轻原子核结合在一起释放出的能量。迄今达到工业应用规模的核能只有核裂变能。

　　核物质高强度的放射性对人体和环境的毁灭性不用赘论了。核能从经济的角度上讲也并非完全可行。人们不了解的是，建一座核电站相对容易，拆除它却要花费数倍乃至十数倍于建造的费用。

　　拆除核电站要将整座核电站用特殊的工具切割成一块一块的小砖头，然后一块一块地用特殊仪器检测，未发现含有过量核辐射的才可以运走。若发现其含有超量核辐射的则要按核废料处理。

　　提到核废料，极少有人知道它处理的难度，这也是造成公众对核电站抱无所谓态度的主要原因。

　　核废料不同于废电池，统一收集密闭封存就可以高枕无忧了。核废料中不能被完全用尽的核物质仍具有极强的放射性，且具有残留时间长、毒性剧烈的特点。核废料即使贮存过百万年，其残留物质中的核辐射剂量仍能超过允许剂量的一千万倍以上，这是一般人难以想象和理解的。

　　比起核电站的运转来，世界本身所具有的不稳定特性，必将给核废料的安全贮存带来难以预测、不可避免的破坏。基于此，许多原来率先建造核电站的国家正在考虑停建缓建核电站。国外一些专家也呼吁人类在对核能的使用上要慎之又慎。因为核技术不仅是用于军事上才会威胁到人类安全，核技术本身就是极度危险的。

核电站

　　利用核能有发生核能外泄的危险。

　　核能外泄又称为核熔毁，是一种发生在核能反应炉故障时，产生的严重的后遗症。核能外泄所发出的核能辐射虽远比核子武器威力与范围小，但是却能造成一定程度的生物伤亡，影响生态环境。

核能外泄最主要原因，就是核子反应炉核心冷却系统故障，导致控制辐射的相关设备失常。虽说核能外泄不一定全然包括核子灾害，但是已经是已知核能应用上的最大环保隐忧。另外，核能外泄虽也可指使用核能发电的航海器具所发生的灾害，尤其是核潜舰，不过一般说来是指用来发电的核能电厂发生的核熔毁事件。

自 20 世纪 50 年代，人类和平利用原子能发电以来，与其他工业部门的事故相比，核事故屈指可数。大多数核事故都集中在苏美两国。

1957 年 10 月 7 日，英国的温茨凯尔石墨反应堆发生熔化事故，附近三四十千米范围内的蔬菜、水果及家禽受到污染，但无人员伤亡。事后，英国称有 39 人因此事故而致癌死亡。

1957 年底或翌年初，苏联车里雅斯克的一个地下总收入料堆埋藏地发生爆炸，核辐射扩散达 2000 多平方千米，人员伤亡不详。

1958 年，南斯拉夫的一个实验反应堆发生放射性事故，造成 2 人死亡，3 人受伤，其中一位受伤的女操作人员经治疗得救，后来还生了孩子。

1961 年 1 月，美国爱达荷福斯附近的一个军用实验反应堆发生蒸汽爆炸事故，3 人死亡。

1971 年 11 月 19 日，美国蒙蒂塞洛的北部非动力公司反应堆的废水贮存池发生外溢事故，有 5 万多加仑的放射性废水流入密西西比河，造成污染。

1974 年苏联里海附近的一座核电站的管道发生爆炸，损失不详。

1979 年 3 月 22 日，美国迪凯特的布朗费里反应堆，因工人用蜡烛检验时不慎失火，损失 1.5 亿美元。

1979 年 3 月 28 日，美国三里岛核电站发生反应堆熔化事故。释放出的放射性物质相当于一次大规模核试验的散落物，20 万人撤军。这是美国历史上最严重的核事故。

1979 年 8 月 7 日，美国欧文附近一家绝密燃料工厂发生浓缩铀泄漏事故，约千人受到超常量辐射。

1986 年 4 月 26 日，苏联切尔诺贝利核电站发生严重泄漏事故，237 人受到严重的放射性损伤，共死亡 31 人，直接经济损失达 20 多亿卢布。事故不仅影响本国，而且随风飘散的核辐射尘埃，使北欧、东欧、西欧一些国家也遭到不同程度的污染。

放射性物质应用范围的迅速增加，使放射性污染问题日益突出，成为全世界人类所关注的问题。在我们生活的地球上，早就存在着放射性物质，使我们的身体受到一定剂量的照射。这种天然存在的照射，就叫天然放射本底。

天然放射本底的来源有3个，宇宙射线，每人每年约接受35毫伦；土壤中的放射性

切尔诺贝利核电站

元素，每人每年约接受100毫伦；人和动物体内的微量放射性元素，每人每年约接受35毫伦。在自然条件下，每人每年约接受170毫伦。

所谓放射污染，是指因人工辐射源的利用而导致对环境的污染。人工的辐射源，主要是医用射线源，核武器试验产生的放射性沉降，以及原子能工业排放的各种放射性废物等。

射线的危害有近期效应和远期效应两大类。原子弹爆炸时的高强度和医疗中的大剂量射线辐射，导致白血病和各种癌症的产生，属于近期效应。而

核试验场

通常所指的环境的放射性污染，是指长期接受低剂量辐射，对机体造成慢性损伤的远期效应或潜在效应。如长期接受低剂量辐射，会引起白细胞增多或减少、肺癌和生殖系统病变等，可留下几年、十几年或更长时间的后遗症，甚至把生理病变遗传给子孙后代。

对环境造成放射性污染的污染源，医用射线占人工污染

源的94%，占所有射线总量的30%。

核试验可造成放射性沉降污染。核试验时，大气中形成了许多裂变物质的微细粒子，它们每年有10%～20%降落到地面。根据英国人的推算，核试验如按现有规模继续下去，100年后可达到每平方千米200毫居里的放射水平。放射性沉降物与人关系最密切的是锶－90和铯－137。它们使骨癌和白血病发病率增高，对生殖腺影响也很大。

核能工业排放的各种放射性废物对海洋的污染，原子能设备的事故等均形成环境污染，给人类带来危害。

知识点

核反应堆

核反应堆，又称为原子反应堆或反应堆，是装配了核燃料以实现大规模可控制裂变链式反应的装置。

核反应堆根据燃料类型分为天然气铀堆、浓缩铀堆、钍堆；根据中子能量分为快中子堆和热中子堆；

根据冷却剂（载热剂）材料分为水冷堆、气冷堆、有机液冷堆、液态金属冷堆；

根据慢化剂（减速剂）分为石墨堆、重水堆、压水堆、沸水堆、有机堆、熔盐堆、铍堆；

根据中子通量分为高通量堆和一般能量堆；根据热工状态分为沸腾堆、非沸腾堆、压水堆；

根据运行方式分为脉冲堆和稳态堆，等等。

延伸阅读

核废料的处理

自从1945年人类进入核时代以来，小小的原子核如同一个不断释放出宝物的魔瓶，人类拥有了提供巨大能量的核电站、可以许多次环绕地球不停的核轮船、可以杀灭肿瘤的核仪器、可以探测太空的核飞船……

但是，核废料的产生及对人类的长久威胁也恰恰说明，任何事物都有两面性。人类在享受大自然恩赐的同时，也要承担保护大自然的责任，否则将受到严厉的惩罚，但愿人类能够关爱好自己的这个家园。

核废料是核物质在核反应堆（原子炉）内燃烧后余留下来的核灰烬，具有极强烈的放射性，而且其半衰期长达数千年、数万年甚至几十万年。也就是说，在几十万年后，这些核废料还能伤害人类和环境。所以如何安全、永久地处理核废料是科学家们一个重大的课题。

科学家们说，安全、永久地处理核废料有两个必需条件：首先要安全、永久地将核废料封闭在一个容器里，并保证数万年内不泄露出放射性。科学家们为达到这个目的，曾经设想将核废料封在陶瓷容器里面，或者封在厚厚的玻璃容器里面。

但科学实验证明，这些容器存入核废料在100年以内效果还是很理想。但100年以后，容器就经受不住放射线的猛烈轰击而发生爆裂，到那时，放射线就会散发到周围环境中，后果不堪设想。

其次，要寻找一处安全、永久存放核废料的地点。这个地点要求物理环境特别稳定，长久地不受水和空气的侵蚀，并能经受住地震、火山、爆炸的冲击。

科学家们实验证明，在花岗岩层、岩盐层以及粘土层可以有效地保证核废料容器数百年内不遭破坏。但数百年后，这些存放地点会不会发生破坏是无法预料的。

目前，核废料的处理，国际上通常采用海洋和陆地两种方法处理核废料。一般是先经过冷却、干式储存，然后再将装有核废料的金属罐投入选定海域4000米以下的海底，或深埋于建在地下厚厚岩石层里的核废料处理库中。美国、俄罗斯、加拿大、澳大利亚等一些国家因幅员辽阔，荒原广袤，一般采用陆地深埋法。为了保证核废料得到安全处理，各国在投放时要接受国际监督。

大气污染

　　大气就是空气，是人类和其他生物赖以生存的、片刻也不能缺少的物质。一个成年男子每天需要大约 15 千克空气，远远超过他需要的食物量和饮水量，可见空气质量的好坏对人体健康多么重要。

　　清洁的大气，天晴的时候天空看上去是蔚蓝蔚蓝的，使人格外爽心悦目。相反，大气一旦受到污染，即使是晴天，天空也变得灰蒙蒙的、雾茫茫的。这样，人会有一种压抑的感觉，身体出现不适，心情越来越坏。

清洁的大气

　　洁净的大气，通常含有 78% 的氮气，21% 的氧气，0.03% 的二氧化碳，0.93% 的氩气，还有臭氧、甲烷、氨气、氖、氦等微量的其他气体。大气一旦受到污染，就说明各种气体的构成比例失调。科学家们发现，至少有 100 种大气污染物对环境造成危害，其中对人类威胁较大的有二氧化硫、氮氧化物、一氧化碳、氟氯烃等。

　　某些自然现象足可影响空气的组成成分，造成大气污染。如火山爆发向空气喷发出大量的二氧化碳和粉尘，电闪雷鸣有时能引起森林火灾，消耗空气中的氧气，增加空气中的二氧化碳。但这些影响不普遍也不长久，一段时间后空气可自行恢复原状。

　　唯有人类不合理的生产和生活活动对大气造成的污染极为严重。许多现代化大工厂不断向大气中排放各种各样的物质，包括许多有毒有害物质。据统计，全世界每年排放二氧化硫 1.5 亿多吨，二氧化碳 2 亿多吨，悬浮颗粒物 23 亿吨和氮氧化物 6900 万吨。这就对大气造成极为严重的污染，使空气成分长期改变而不能恢复，以至对人和其他生物产生不良影响。

大气污染轻者，人和生物当时感觉不出，时间长了就会生发各种病症；污染比较严重的话易使人流泪、咳嗽、头痛、恶心；特别严重的话，会使人窒息甚至于丧命。

大气污染不仅影响人体健康，还会改变气象规律。全球气候变暖、酸雨、臭氧空洞等，归根结底是由大气污染造成的。

大气污染

科学家们根据进入大气中的多种物质对人类健康、对生物的影响、对气候的影响制定出最大允许浓度作为标准。如果某种物质超标，就说明大气受到污染，超标越多，说明污染越严重。如今，我国北京、上海等许多大城市每天都向市民发布空气质量报告。保护大气，人人有责。

氮氧化物污染

氮氧化物家族中的一氧化氮和二氧化氮是最主要的空气污染物。煤和石油的燃烧能化合生成大量的一氧化氮和少量的二氧化氮，一氧化氮又随即迅速氧化而生成二氧化氮。浓厚的二氧化氮易于形成黄色到橙红色浓雾。它的毒性是一氧化氮的5倍。

二氧化氮能够引起急性哮喘，当年日本的"横滨哮喘病"的主凶就是二氧化氮。当空气中24小时二氧化氮的平均浓度达到百万分之0.06时，人体健康就会受到危害。如今世界上许多大城市，二氧化氮的浓度都超过了这一数值。

二氧化氮能够破坏植物生长。如果空气中二氧化氮含量为百万分之0.5，35天后柠檬树就会落叶或枯黄；含量为百万分之0.25，8个月后脐橙产量明显降低。

氮氧化物与空气中的碳氢化合物在阳光作用下易形成光化学烟雾，这种烟雾的浓度只要达到千万分之几，就能强烈地刺激眼睛、气管和肺，使人感到眼痛、头痛、呼吸困难，甚至晕倒。由于工业生产的发展和汽车数量的增多，世界上许多大城市都发生过这类光化学烟雾事件。

粉尘污染

在日常生活中，我们往往可以看到工厂里的大烟筒排出浓浓的黑色烟雾，像一条条黑龙盘旋缭绕、扶摇直上，对大气造成污染，它们的名字叫粉尘，是由物质不完全燃烧而产生的小小黑色颗粒。

工厂排出的黑色烟雾

一般情况下，燃烧煤有原重量10%的粉尘排出，油燃烧后约有原重量1%的粉尘排出，烧制石灰、冶炼钢铁都有大量粉尘排出，家庭炉灶比工业锅炉产烟量大，小锅炉比大锅炉产烟量大。

粉尘有落尘和飘尘之分，颗粒较大的，直径在10微米以上，因为重量较大能很快降落到地面，被称为落尘。颗粒较小的，直径在10微米以下，其中有些比细菌还小，由于它们长时间在空气中飘浮，所以被叫做飘尘。

飘尘对于人体健康的危害非常大，直径为5微米~10微米的颗粒能进入呼吸道，直径在半微米与5微米之间的颗粒能直达肺细胞，它们的毒害可想而知了。如果是携带致癌毒物的颗粒，将直接造成生命危险。

粉尘，尤其是煤烟尘，是大气污染的罪魁祸首之一。历史上许多烟雾事件都是由煤烟尘和二氧化硫污染所致。煤烟尘常常把建筑物表面和人的面孔熏得黑黑的，还容易导致结膜炎等眼病。

粉尘还是植物的死敌，它能堵塞植物气孔，阻挡阳光进入叶组织进行光合作用，影响植物生长。当然，植物表面落上一层厚厚的粉尘的话，会遮盖住浓绿润泽、姹紫嫣红，生机勃勃的花木树木，看上去会死气沉沉。

粉尘的危害还多着呢，比如加速金属材料和设备的腐蚀，易使空中弥漫大雾，影响城市交通和建设等。

所以，消除粉尘污染是治理城市大气污染的重中之重。通常采用的办法有，一方面改造锅炉，提高燃烧效率；另一方面安装有效除尘设备，如离心除尘器、过滤除尘器、洗涤式除尘器、静电除尘器等等。

除尘器

二氧化硫——空气中的腐蚀剂

二氧化硫是造成大气严重污染的"罪魁祸首"之一，所以，城市空气质量报告一定少不了报告二氧化硫的浓度。

二氧化硫本身是一种无色的有股难闻的刺激性臭味的气体，它是由燃烧着的硫磺同空气中的氧气反应生成的。一般城市中二氧化硫的平均浓度是百万分之0.1～0.3。如果能闻到二氧化硫的气味，说明空气中二氧化硫的浓度至少有百万分之3。这时人就会出现不适，如猛烈咳嗽、打喷嚏、嗓子痛、胸闷、呼吸困难等。

空气中的二氧化硫一般停留时间很短，一般只有几小时。但更为有害的是，它可与水气结合形成硫酸雾。它比二氧化硫的毒性大10倍多。人体吸入硫酸雾，易引起支气管炎、支气管哮喘和肺气肿等病症。

二氧化硫有很强的腐蚀作用。世界著名的文化古迹埃及金字塔、狮身人面像和我国故宫博物院内的许多大理石雕刻都出现斑斑驳驳的痕迹。这都是二氧化硫腐蚀的结果。

二氧化硫能使架设在空中的输电线上的金属器件和导线的寿命降低三分之一。浓度为百万分之0.12的二氧化硫用一年时间可以把一块完好无损的钢板腐蚀掉六分之一。目前，世界许多城市的二氧化硫年平均浓度都达到或超过这个水平。

二氧化硫对植物的破坏性非常大。低浓度的二氧化硫能造成植物生长缓慢、落叶、枯死。空气中二氧化硫达百万分之1.2时，棉花即枯死。紫花苜蓿是二氧化硫污染的指示植物，空气中只要有百万分之0.3，它就会中毒，出现叶斑、落叶或死亡。

二氧化硫还能生成三氧化硫，从而又导致酸雨。酸雨直接毁坏森林和农作物，酸雨使瑞典每年损失木材达450万立方米，已使加拿大4000多个湖泊酸化。

狮身人面像

为了防止二氧化硫对大气的污染，在煤和石油等燃料燃烧前要脱硫，而且要进行烟气脱硫，即在烟道中脱除二氧化硫。

汽车废气的危害

汽车给人类的生活带来极大方便，但同时也产生了严重的公害。汽车排出的废物中含有大量的污染物，主要包括：一氧化碳、氮氧化物、烃类、硫化物和铅烟等。

据报道，1立方米燃料可产生360千克一氧化碳、24千克~48千克烃类、6千克~18千克一氧化氮、0.6千克~1.2千克硫化物、0.24千克有机酸、0.24千克氨和36克固体灰尘。

一氧化碳经过呼吸道进入肺泡被吸收后，影响血液携氧能力，并可引起头痛、头晕等症状。

汽车废气中的氮氧化物与烯烃反应，能产生致癌性的硝化烯烃，动物长期吸入这种气体可以致癌。单独吸入一氧化碳后，有引起体内变性血红蛋白形成及影响中枢神经系统功能的危险。

汽车废气中的烃类如苯并芘，有使人体致癌的潜在危害。长期在汽车稠密行驶的地方接触汽车排出的大量废气，特别是接触空档时排出的大量含铅废气，能使居民的造血和肾脏器官受到不同程度的损害。烯烃类碳氢化合物和氮氧化物的混合物在紫外线的作用下，可以发生光化学反应，形成所谓"二次污染物"，致使大气遭受光化学烟雾的污染，其危害作用的主要表现是对眼睛和呼吸系统有明显刺激作用。

知识点

哮 喘

哮喘，是由多种细胞特别是肥大细胞、嗜酸性粒细胞和T淋巴细胞参与的慢性气道炎症；在易感者中此种炎症可引起反复发作的喘息、气促、胸闷和咳嗽等症状，多在夜间或凌晨发生；此类症状常伴有广泛而多变的呼气流速受限，但可部分地自然缓解或经治疗缓解；此种症状还伴有气道对多种刺激因子反应性增高。

哮喘是世界公认的医学难题，被世界卫生组织列为疾病中4大顽症之一。1998年12月11日，在西班牙巴塞罗那举行的第二届世界哮喘会的开幕日上，全球哮喘病防治创议委员会与欧洲呼吸学会代表世界卫生组织提出了开展世界哮喘日活动，并将当天作为第一个世界哮喘日。从2000年起，每年都有相关的活动举行，但此后的世界哮喘日定为每年5月的第一个周二，而不是12月11日。

延伸阅读

PM 微粒及治理

PM 微粒是什么

10微米和2.5微米是什么概念？1微米相当于1‰毫米，而一根头发的直径通常也只有10微米左右。这就是说，PM10、PM2.5的粒径比头发丝还细，在空气中真可谓微乎其微。它们长期飘浮在空中，能随着人们的呼吸进入体内。

这些细小颗粒物的成分很复杂，除了一些来自地面扬尘、风沙、工地尘土之外，还有一部分是燃煤、汽车尾气、工业废气排出的二氧化硫、碳氧化物等有害物质化合生成的二次污染物。

它们是怎样影响着大气的能见度的呢？专家介绍说，PM10 及 PM2.5 都具有极强的消光作用。当太阳光照射到这些细小颗粒上时，它会对光线进行散射和吸收，一方面使光线亮度明显降低，另一方面，又削减了大气的能见度。

另外，这些含有有害物质的细小粒子在空中每日每立方米的含量超过0.15 毫克时，其浓度就属超标，一旦被吸入体内，还会对人们的身体健康带来危害。哪来这么多 PM 微粒 随着社会的发展，城市建设的加快，人口的增多，生产、生活中各种消耗使排放到大气中的污染物不断增多。通过大气治理，近年来，二氧化硫、碳氧化物等许多一次污染物在很大程度上减少了，但要治理那些粒径小于 10 微米（PM10）甚至小于 2.5 微米（PM2.5）的污染物，却不是很容易的事。

对于 PM 微粒的治理，目前在国际上都还没有特别有效的措施。

市环保局大气处向百琴处长指出，在现阶段，首要措施还是要从排放源头进行全方位的控制，如：减少燃煤、工业废气的排放，治理汽车尾气以及严禁焚烧树叶、垃圾和沿街烧烤等。特别是焚烧树叶以及沿街烧烤产生的烟雾看似很少，但它们却更容易产生 PM 微粒，所以必须严厉禁止。

噪声污染

噪声，就是杂乱无章、听了叫人不舒服的声音。比如，机器的轰鸣声、飞机的尖叫声、汽车的喇叭声等等。

在物理学里，噪声的强弱通常用分贝来表示。噪声共分 7 个等级，从零开始，每增加 20 分贝，就增加一个等级。当噪声在 0～20 分贝时，我们感觉很静；20～40 分贝时，也是安静的，超过 45 分贝的声音就会干扰人的睡眠；80 分贝的噪声会使人感到吵闹、烦躁；超过 90 分贝，就会影响人的健康；

100 分贝的噪声会影响人的听力；120 分贝的噪声可以使人暂时"耳聋"；在几米以内听到 140 分贝以上的噪声，会使人变成聋子，甚至可能突然发生脑出血，或者心脏停止跳动。

有人做过调查研究，长期生活在 60 分贝的噪声中，会使人感到心慌和厌倦，降低人的工作效率。长期生活在 85 到 90 分贝噪声下的人会患噪声病，出现头昏脑胀、睡眠多梦、全身乏力、食欲不好、记忆力减退等症状。下面的调查数据，令人信服地说明了噪声的危害：

一个噪声为 94 至 106 分贝的车间，有 4.5% 的人耳聋；38% 的人耳鸣；30% 的人失眠；36% 的人记忆力减退。所以说噪声也是一种污染。还有人把噪声比作杀人不见血的软刀子，这话绝不过分。

由于工业生产的过于集中，交通拥挤，噪声源增多，噪声已经成了一种比较严重的公害。有的国家把噪声列为环境公害之首，想方设法加以消除。

衡量声音大小的标准如表：

声音强弱（分贝）	声　源	声音强弱（分贝）	声　源
1 ~ 10	人耳刚听到	100	织布机
20	手表滴嗒声	110	电锯
30 ~ 40	农村的静夜	140	喷气式飞机起飞
60 ~ 70	平常说话声	160	导弹发射
80 ~ 90	街道的吵闹声	195	火箭发射

据测定，适合人类生存（工作、学习和生活）的最佳声环境为 15 ~ 45 分贝。目前，世界上噪声最大的是土星火箭，噪声高达 195 分贝。

随着近代工业的发展，噪声已经成为严重危害人体健康和污染环境的重要因素。20 世纪 70 年代初期，国际标准化组织将噪声的污染列为首位。日本 1966 年因公害起诉的 10 502 起案件中，关于噪声的就有 7640 起，约占 72%。

噪声主要来自于交通的各种车辆鸣笛声，其次是来自于大、小工厂机器的隆隆声，建筑工地的施工机械声，人行道的喧闹声，文娱场所的锣鼓乐声……据统计，日本东京车辆噪声占 45%，工厂噪声 6.9%，人声、铁路等噪声 36.7%，不能识别声源的占 11.5%。我国上海交通噪声占 35%，工厂噪声占17%，居民噪声占26%，其他占22%。

近年来，噪声对生殖系统的影响特别引人注目。一些学者通过动物实验观察到，大鼠等动物在噪声作用下，性周期紊乱，尤其是发情期延长，使排出的卵细胞过熟或是多精子受精。另外，发现乳牛的乳汁分泌量降低，母鸡的产蛋量下降。究其原因，在噪声刺激下，促性腺激素分泌的节律性紊乱，这样不仅使出生率降低，而且在未受精卵和受精卵中发现有染色体异常而导致畸胎出生或流产等现象发生。

机 场

研究者还证实，胎儿在6个月时内耳已完全发育，对声音能起反应。有人测试胎儿的心跳，发现音乐可使心跳的频率有变化，胎动也会增加。胎儿熟悉母亲的心音、肠鸣音和血流的冲击声。当外界突然响起刺耳的噪音，胎儿就会剧动。

1974年日本学者在日本大阪机场周围调查中发现，孕妇流产多，出生儿平均体重降低，相当于世界卫生组织规定的早产儿体重，其原因可能是在噪声的不断刺激下，使母体子宫血管收缩，从而引起胎儿发育所必须的营养素和氧气的供应不足；另外，噪声可能刺激内耳，引起脑神经发育障碍，使胎儿生长受到影响。

现在，人们发现，胎儿也能听到成年人所听不到的极低频率音调，低频抑制其活动，高频增加其活动。胎儿乐于接受低沉委婉的音乐，并能做出反应；而不愿接受尖细、高调的音响。为此，医学科学工作者对胎儿进行低调委婉的音乐训练，让父亲用低沉的音调给胎儿唱歌，经常在室内放旋律优美的音乐，婴儿出生后往往很快适应新的环境，生长发育良好。

知识点

染色体

　　染色体是细胞核中载有遗传信息（基因）的物质，在显微镜下呈丝状或棒状，由核酸和蛋白质组成，在细胞发生有丝分裂时期容易被碱性染料着色，因此而得名。

　　在无性繁殖物种中，生物体内所有细胞的染色体数目都一样。而在有性繁殖物种中，生物体的体细胞染色体成对分布，称为二倍体。性细胞如精子、卵子等是单倍体，染色体数目只是体细胞的一半。

延伸阅读

"无窗学校"与天然的"消音器"

　　"无窗学校"并不是真正地没有窗户，是人们对于窗户已经阻挡不住汽车噪声的倒霉学校的一种戏谑说法。

　　日本人多地少、汽车密集。巴掌大的东京就要容纳200万辆汽车，川流不息的汽车发出的巨大噪声，把许多学校淹没在了汽车的海洋里。仅因汽车干扰就使日本10%以上的学校不能正常上课，特别是那些临街的学校，更是深受汽车噪声的困扰。学生上课就好像在机器轰鸣的车间里一样，再密封的窗户也挡不住无孔不入的噪声，人们于是把这些学校形象地称为"无窗学校"。

　　居住在城市中的人们，都希望生活在一个没有噪声的和谐而又优美的环境当中。可是由于城市交通和建设的发展，来自交通车辆的噪声和来自建设工地的噪声，常常会破坏一个良好的音响环境，从而干扰人们的休息和工作。

　　人们逐渐地发现，如果在街道两旁、厂区周围和居住小区栽种树木，营造绿化林带，噪声就明显地减弱了，甚至消失了。据有关单位对各种不同类型的绿化街道进行的减弱噪声效果的科学测定，证明树木确实有隔音和消声的作用，而且效果非常显着。

据测，公路上汽车的噪声，在穿过12米宽的悬铃木树叶层以后，到达公路两旁的三层楼窗户时的音量比没有通过树木时的音量减少了12.5分贝，在通过18米宽的绿化林带后，声音可减少40分贝。难怪有人把树木比作天然的"消音器"。

土壤的生化污染

土壤是自然界微生物的最大贮藏所。因为土壤经常受到生活废弃物以及大量来自人畜排泄物中的病原微生物和人畜肠道内正常微生物的污染。

据国外资料报道。每克新鲜粪便中含有大肠杆菌 5×10^6 个 ~ 5×10^8 个；

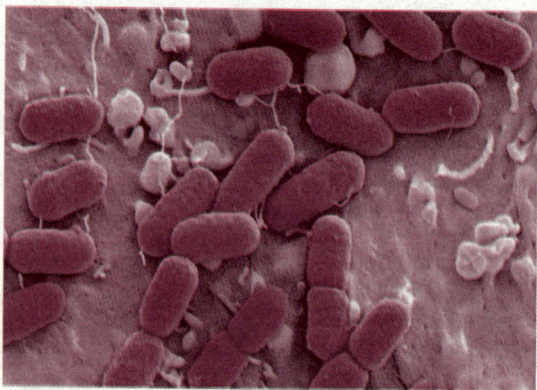

霍乱和伤寒患者排出的病原体，每克粪便含 10^8 个 ~ 10^9 个。每毫升生活污水含有 1 个 ~ 100 个肠道病毒颗粒，10^6 个 ~ 10^7 个大肠杆菌。国外某些寄生虫病流行地区，人群中 40% 排出钩虫卵，30% ~ 60% 排出蛔虫卵和鞭毛虫卵，在蛔虫病集中区，71% 的土壤样品中含蛔虫卵。

大肠杆菌

污染土壤的生物性病原体以3种方式危害人类健康，即：人—土壤—人、动物—土壤—人、土壤—人。

人—土壤—人：人体排出的含有病原体的粪便污染土壤，人再生吃由污染土壤长出的蔬菜、瓜果而感染得病。一些细菌能污染土壤，而且能存活一定时间，如沙门氏菌约存活70天，志贺氏菌约1个月，霍乱弧菌约为8—60天。肠道病毒在中性土壤中可存活2个月 ~ 4个月，在低温条件下比高温存活时间还长。蛔虫卵在温带地区土壤中存活两年以上。

动物—土壤—人：有病动物排出病原体污染土壤，人与污染土壤直接接触而感染得病。如牛患钩端螺旋体病，由尿排出的钩端螺旋体污染土壤或水，病原体可存活数周；人接触这种环境，病原体可通过黏膜、伤口或浸软的皮肤进入机体而感染发病。

土壤—人：人与污染土壤接触而感染得病。土壤中存在破伤风杆菌，此种菌的芽胞可在土壤中存活很长时间，在一定的条件下破伤风杆菌通过伤口侵入人体而引起发病。肉毒中毒是由肉毒杆菌所引起的一种严重的中毒性疾病，受污染的食物是中毒的直接原因。肉毒杆菌可在土壤内长期存在，在牧区可能大面积的土地受肉毒杆菌污染。

近几十年来，白雪皑皑的南极大陆已经发现了污染物。来自世界各地的污染物质玷污了这块冰雪荒原，使它改变了原来的圣洁面貌。没有想到，这种不幸的事情也同时发生在格陵兰岛。格陵兰岛意译为"绿色的土地"，但是，这块面积达210多万平方千米的世界第一大岛，由于有 4/5 的疆域

格陵兰岛

深入北极圈内，终年冰雪，形成深厚的冰雪层。全岛 84% 的面积为厚冰覆盖，冰体平均厚度 2300 米，最厚达 3400 米。晶莹洁白的冰雪躯体，忠实地记录着格陵兰岛的发展历史。

科学家取出公元前 800 年的冰雪化验，发现每千克冰雪中含铅 0.003 微克。这个数据同格陵兰岛冰雪中铅的自然背景值 0.0004 微克/千克相比较，证明在 2700 多年前，格陵兰岛已经受到污染，可是自 1750 年以后，冰雪中的含铅量竟高出自然背景值约 25 倍。到了 1940 年以后，每千克冰雪的含铅量骤增至 0.2 微克，超过背景值 500 倍，而且这个数量还在不断上升。格陵兰岛冰雪大陆还受到汞的污染。在公元前 800 年的样品中，每千克冰雪含 62 毫微克的汞，到 1952 年增加到 153 毫微克，而在 1965 年春季，每千克冰雪

的含汞量竟达 230 毫微克之多。

在广袤无垠的格陵兰岛冰原上，人少，工业少，污染物来自何方呢？科学家从繁杂的数据中联想到 1750 年欧洲的工业革命，以及 1940 年以后，冶炼工业的飞速发展和燃烧带添加剂的汽油越来越多。就是说，落到格陵兰岛的污染物主要来自工业发达的欧美两洲。

那么。这些污染物通过什么途径、怎样传播的呢？

原来，工业排放出来的铅、汞等污染物质进入大气后，很快被大气中的颗粒物质所吸附，被上升气流送到高空对流层，随气流向远处飘移，从欧美大陆工业中心，一直飘移到格陵兰岛大陆的上空。在降雪的过程中，这些携带着污染物的大气颗粒物质又被雪粒所捕获，跟随降雪一同来到这人烟稀少的冰雪大陆。

知识点

蛔　虫

蛔虫是无脊椎动物，线形动物门，线虫纲，蛔目，蛔科。是人体肠道内最大的寄生线虫，成体略带粉红色或微黄色，体表有横纹，雄虫尾部常卷曲。

蛔虫是世界性分布种类，是人体最常见的寄生虫，感染率可达 70% 以上，农村高于城市，儿童高于成人。

延伸阅读

土壤环境质量分类和标准分级

土壤环境质量分类：

根据土壤应用功能和保护目标，划分为三类：

I 类为主要适用于国家规定的自然保护区（原有背景重金属含量高的除

外）、集中式生活饮用水源地、茶园、牧场和其他保护地区的土壤，土壤质量基本上保持自然背景水平。

Ⅱ类主要适用于一般农田、蔬菜地、茶园果园、牧场等到土壤，土壤质量基本上对植物和环境不造成危害和污染。

Ⅲ类主要适用于林地土壤及污染物容量较大的高背景值土壤和矿产附近等地的农田土壤（蔬菜地除外）。土壤质量基本上对植物和环境不造成危害和污染。

标准分级：

一级标准　为保护区域自然生态、维持自然背景的土壤质量的限制值。

二级标准　为保障农业生产，维护人体健康的土壤限制值。

三级标准　为保障农林生产和植物正常生长的土壤临界值。

各类土壤环境质量执行标准的级别

各类土壤环境质量执行标准的级别规定如下：

Ⅰ类土壤环境质量执行一级标准；

Ⅱ类土壤环境质量执行二级标准；

Ⅲ类土壤环境质量执行三级标准。

光污染

光污染问题最早于20世纪30年代由国际天文界提出，他们认为光污染是城市室外照明使天空发亮造成对天文观测的负面的影响。后来英美等国称之为"干扰光"，在日本则称为"光害"。

白亮污染

当太阳光照射强烈时，城市里建筑物的玻璃幕墙、釉面砖墙、磨光大理石和各种涂料等装饰反射光线，明晃白亮、眩眼夺目。

专家研究发现，长时间在白色光亮污染环境下工作和生活的人，视网膜和虹膜都会受到程度不同的损害，视力急剧下降，白内障的发病率高达45％。还使人头昏心烦，甚至发生失眠、食欲下降、情绪低落、身体乏力等

玻璃幕墙

类似神经衰弱的症状。

夏天，玻璃幕墙强烈的反射光进入附近居民楼房内，增加了室内温度，影响正常的生活。有些玻璃幕墙是半圆形的，反射光汇聚还容易引起火灾。烈日下驾车行驶的司机会出其不意地遭到玻璃幕墙反射光的突然袭击，眼睛受到强烈刺激，很容易诱发车祸。

据光学专家研究，镜面建筑物玻璃的反射光比阳光照射更强烈，其反射率高达82%～90%，光几乎全被反射，大大超过了人体所能承受的范围。

长时间在白色光亮污染环境下工作和生活的人，容易导致视力下降，产生头昏目眩、失眠、心悸、食欲下降及情绪低落等类似神经衰弱的症状，使人的正常生理及心理发生变化，长期下去会诱发某些疾病。

专家研究发现，长时间在白色光亮污染环境下工作和生活的人，视网膜和虹膜都会受到程度不同的损害，视力急剧下降，白内障的发病率高达45%。夏天，玻璃幕墙强烈的反射光进入附近居民楼房内，破坏室内原有的良好气氛，也使室温平均升高4℃～6℃。影响正常的生活。

眩光污染

汽车夜间行驶时照明用的头灯，厂房中不合理的照明布置等都会造成眩光。某些工作场所，例如火车站和机场以及自动化企业的中央控制室，过多和过分复杂的信号灯系统也会造成工作人员视觉锐度的下降，从而影响工作效率。

焊 接

焊枪所产生的强光，若无适当的防护措施，也会伤害人的眼睛。

长期在强光条件下工作的工人（如冶炼工、熔烧工、吹玻璃工等）也会由于强光而使眼睛受害。

人工白昼

夜幕降临后，商场、酒店上的广告灯、霓虹灯闪烁夺目，令人眼花缭乱。有些强光束甚至直冲云霄，使得夜晚如同白天一样，即所谓人工白昼。在这样的"不夜城"里，夜晚难以入睡，扰乱人体正常的生物钟，导致白天工作效率低下。人工白昼还会伤害鸟类和昆虫，强光可能破坏昆虫在夜间的正常繁殖过程。

目前，大城市普遍、过多使用灯光，使天空太亮，看不见星星，影响了天文观测、航空等，很多天文台因此被迫停止工作。

据天文学统计，在夜晚天空不受光污染的情况下，可以看到的星星约为7000个，而在路灯、背景灯、景观灯乱射的大城市里，只能看到大约20颗~30颗星星。

彩光污染

舞厅、夜总会安装的黑光灯、旋转灯、荧光灯以及闪烁的彩色光源构成了彩光污染。据测定，黑光灯所产生的紫外线强度大大高于太阳光中的紫外线，且对人体有害影响持续时间长。人如果长期接受这种照射，可诱发流鼻血、脱牙、白内障，甚至导致白血病和其他癌变。彩色光源让人眼花缭乱，不仅对眼睛不利，而且干扰大脑中枢神经，使人感到头晕目眩，出现恶心呕吐、失眠等症状。

彩光污染

科学家最新研究表明，彩光污染不仅有损人的生理功能，而且对人的心理也有影响。"光谱光色度效应"测定显示，如以白色光的心理影响为100，则蓝色光为152，紫色光为155，红色光为158，黑色光最高，为187。

要是人们长期处在彩光灯的照射下，其心理积累效应，也会不同程度地引起倦怠无力、头晕、性欲减退、阳痿、月经不调、神经衰弱等身心方面的病症。

另外，有些学者还根据光污染所影响的范围的大小将光污染分为"室外视环境污染"、"室内视环境污染"和"局部视环境污染"。其中，室外视环境污染包括建筑物外墙、室外照明等；室内视环境污染包括室内装修、室内不良的光色环境等；局部视环境污染包括书簿纸张和某些工业产品等。

激光污染

激光污染也是光污染的一种特殊形式。由于激光具有方向性好、能量集中、颜色纯等特点，而且激光通过人眼晶状体的聚焦作用后，到达眼底时的光强度可增大几百至几万倍，所以激光对人眼有较大的伤害作用。

激光光谱的一部分属于紫外和红外范围，会伤害眼结膜、虹膜和晶状体。功率很大的激光能危害人体深层组织和神经系统。

近年来，激光在医学、生物学、环境监测、物理学、化学、天文学以及工业等多方面的应用日益广泛，激光污染愈来愈受到人们的重视。

红外线污染

红外线近年来在军事、人造卫星以及工业、卫生、科研等方面的应用日益广泛，因此红外线污染问题也随之产生。

红外线是一种热辐射，对人体可造成高温伤害。较强的红外线可造成皮肤伤害，其情况与烫伤相似，最初是灼痛，然后是造成烧伤。

红外线对眼的伤害有几种不同情况，波长为7500埃~13000埃的红外线对眼角膜的透过率较高，可造成眼底视网膜的伤害。尤其是11 000埃附近的红外线，可使眼的前部介质（角膜、晶体等）不受损害而直接造成眼底视网膜烧伤。波长19 000埃以上的红外线，几乎全部被角膜吸收，会造成角膜烧伤（混浊、白斑）。波长大于14 000埃的红外线的能量绝大部分被角膜和眼内液所吸收，透不到虹膜。只是13 000埃以下的红外线才能透到虹膜，造成虹膜伤害。人眼如果长期暴露于红外线可能引起白内障。

紫外线污染

紫外线最早是应用于消毒以及某些工艺流程。近年来它的使用范围不断扩大，如用于人造卫星对地面的探测。紫外线的效应按其波长而有不同，波长为1000

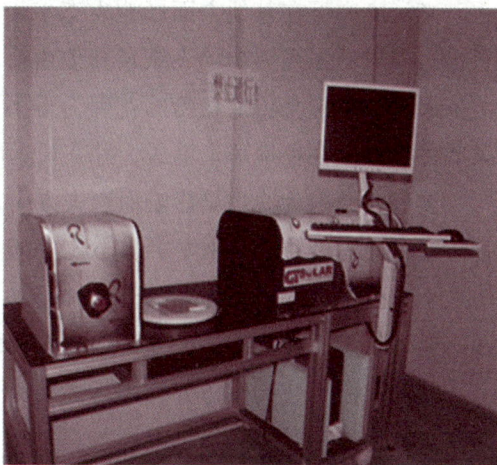

红外线探伤仪

埃~1900埃的真空紫外部分，可被空气和水吸收；波长为1900埃~3000埃的远紫外部分，大部分可被生物分子强烈吸收；波长为3000埃~3300埃的近紫外部分，可被某些生物分子吸收。

紫外线对人体主要是伤害眼角膜和皮肤。造成角膜损伤的紫外线主要为2500埃~3050埃部分，而其中波长为2880埃的作用最强。角膜多次暴露于紫外线，并不增加对紫外线的耐受能力。

紫外线对角膜的伤害作用表现为一种叫做畏光眼炎的极痛的角膜白斑伤害。除了剧痛外，还导致流泪、眼睑痉挛、眼结膜充血和睫状肌抽搐。紫外线对皮肤的伤害作用主要是引起红斑和小水疱，严重时会使表皮坏死和脱皮。人体胸、腹、背部皮肤对紫外线最敏感，其次是前额、肩和臀部，再次为脚掌和手背。不同波长紫外线对皮肤的效应是不同的，波长2800埃~3200埃和2500埃~2600埃的紫外线对皮肤的效应最强。

光污染对生态环境的影响也是不容忽视的。

光污染影响了动物的自然生活规律，受影响的动物昼夜不分，使得其活动能力出现问题。此外，其辨位能力、竞争能力、交流能力及心理皆会受到影响，更甚的是猎食者与猎物的位置互调。

有研究指出光污染使得湖里的浮游生物的生存受到威胁，如水蚤，因为光污染会帮助藻类繁殖，制造红潮，结果杀死了湖里的浮游生物及污染水质。

光污染亦可在其他方面影响生态平衡。举例来说，鳞翅类学者及昆虫学者指出夜里的强光影响了飞蛾及其他夜行昆虫的辨别方向的能力。这使得那些依靠夜行昆虫来传播花粉的花因为得不到协助而难以繁衍，结果可能导致某些种类的植物在地球上消失，并在长远而言破坏了整个生态环境。

候鸟亦会因为光污染影响而迷失方向。据美国鱼类及野生动物部门推测，每年受到光污染影响而死亡的鸟类达 400 万～500 万，甚至更多。因此，志愿人士成立了关注致命光线计划，并与加拿大多伦多及其他城市合作在候鸟迁移期间尽量关掉不必要的光源以减少其死亡率。

此外，刚孵化的海龟亦会因为光污染的影响而死亡。这是因为它们在由巢穴步向海滩时受到光污染的影响而迷失方向，结果因不能到达合适的生存环境而死亡。年轻的海鸟亦会受到光污染的影响使牠们在由巢穴飞至大海时迷失方向。

夜蛙及蝾螈亦会受到光污染影响。因为牠们是夜行动物，它们会在没有光照时活动，然而光污染使他们的活动时间推迟，令到其活动及交配的时间变短。

知识点

长度单位埃

公制长度单位，一万万分之一厘米，常用以表示光波的波长及其他微小长度。这个单位名称是为纪念瑞典物理学家埃斯特朗而定的。

延伸阅读

光源及分类

宇宙间的物体有的是发光的有的是不发光的我们把发光的物体叫做光源。物理学上指能发出一定波长范围的电磁波（包括可见光与紫外线、红外线、

X光线等不可见光）的物体。通常指能发出可见光的发光体。

一般来说，光源可分为两种：

照明光源：

照明光源是以照明为目的，辐射出主要为人眼视觉的可见光谱（波长380纳米～780纳米）的电光源，其规格品种繁多，功率从0.1瓦到20千瓦，产量占电光源总产量的95%以上。

照明光源品种很多，按发光形式分为热辐射光源、气体放电光源和电致发光光源3类。

1. 热辐射光源。电流流经导电物体，使之在高温下辐射光能的光源。包括白炽灯和卤钨灯两种。

2. 气体放电光源。电流流经气体或金属蒸气，使之产生气体放电而发光的光源。气体放电有弧光放电和辉光放电两种，放电电压有低气压、高气压和超高气压3种。弧光放电光源包括：荧光灯、低压钠灯等低气压气体放电灯，高压汞灯、高压钠灯、金属卤化物灯等高强度气体放电灯，超高压汞灯等超高压气体放电灯，以及碳弧灯、氙灯、某些光谱光源等放电气压跨度较大的气体放电灯。辉光放电光源包括利用负辉区辉光放电的辉光指示光源和利用正柱区辉光放电的霓虹灯，二者均为低气压放电灯；此外还包括某些光谱光源。

3. 电致发光光源。在电场作用下，使固体物质发光的光源。它将电能直接转变为光能。包括场致发光光源和发光二极管两种。

辐射光源

辐射光源是不以照明为目的，能辐射大量紫外光谱和红外光谱的电光源，它包括紫外光源、红外光源和非照明用的可见光源。

以上两大类光源均为非相干光源。此外还有一类相干光源，它通过激发态粒子在受激辐射作用下发光，输出光波波长从短波紫外直到远红外，这种光源称为激光光源。

室内污染

人的一生中有70%～90%的时间是在室内度过，可见室内空气质量对人类健康的影响是多么重要。在人均居住面积没有解决的情况下，当然很难谈到改进室内空气质量。但在人们生活水平和居住条件不断改善的现在，改进室内空气质量提高人们的健康水平就成为必然的了。

室内环境对健康的影响主要分为两大类型：一种称之为不良建筑综合症，另一种称之为建筑相关疾病。

高楼林立的城市

不良建筑综合症指的是在建筑物内生活和工作时会出现的症状。主要症状表现为：注意力不集中，抑郁，嗜睡，疲劳，头痛，烦恼气味，易感冒，胸闷，黏膜、皮肤、眼睛刺激等。一旦离开这种环境，症状会自然减轻或消失。

建筑相关疾病指的是由于建筑选址、设计、选材不当，造成室内空气质量不良引起的疾病，主要有呼吸道感染，心血管疾病，军团病及各种癌症（如肺癌）。离开了引起建筑相关疾病的环境，症状也不会消失。

无论是不良建筑综合症，还是建筑相关疾病，都可通过改善居住环境，提高室内空气质量，从而降低这些症状的发生率。

人类对空气污染引起健康危害的认识是有一个过程的。人类最早关注的空气污染物是二氧化硫，二氧化氮，一氧化碳，臭氧，和铅，可把它们统称为"传统空气污染物"。

一般来讲，传统空气污染物种类比较少；除铅以外，不会在人体内累积；

主要是引起呼吸系统疾病；除氮氧化物以外，对其引起的健康效应已有相当的了解；一般在摄入几分钟（急性）到数年（慢性）内会出现反应。

随着工业的发展和人类的进步，出现了越来越多的空气污染物，可把这些统称为"非传统空气污染物"。一般来讲，非传统空气污染物种类多，在人体内都有生物累积，可以引起人体内各器官的病变（人们最关心的是癌症），目前关于非传统空气污染物对健康影响的知识了解甚少。

世界卫生组织（WHO）把人类的致癌物分为三类：

第一类为已经证明了的人类致癌物质，这包括有砷、镍、六价铬、氡、吸烟、苯、苯并（a）芘、氯乙烯、双氯甲烷醚等。

第二类为已经证明了的动物致癌物质。这里又把第二类分为两种：一种为2A类——已经充分证明为动物的致癌物，如丙烯腈、三氯乙烷、柴油机废气等；另一种为2B类——已证明为动物致癌物（但不充分），如乙醛、三氯甲烷、1，2二氯乙烷、短纤维等。

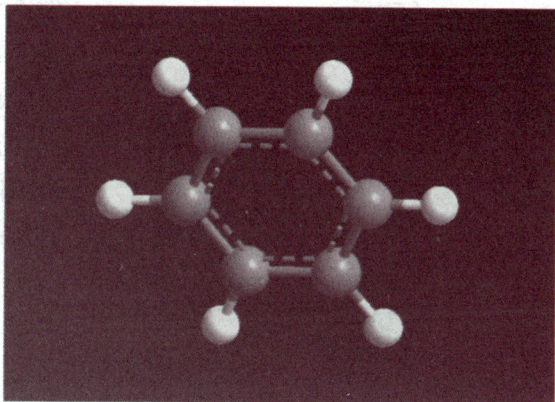

苯结构模型

第三类为新发现尚未分类的致癌物质，如1，1，2，2四氯乙烯。

以上所有这些致癌物质都可能出现在人类生活环境中，引起人类癌症发病率的增加。以我国为例，20世纪六七十年代，我国肺癌死亡率不到十万分之十。但到90年代末，城市地区已增加到十万分之四十。所以室内空气质量问题不能不引起我们的高度重视。

室内空气污染物主要有以下几种形式：一种是悬浮颗粒物。按粒径大小又可分为总悬浮颗粒物、粒径小于10微米的悬浮颗粒物（PM10）和粒径小于2.5微米的悬浮颗粒物（PM2.5）。做饭和取暖时的室内燃烧，其他人类活动，都会使室内颗粒物浓度明显增加。许多化学污染物、生物污染物和氡衰变子体等都会附着在悬浮颗粒上，从而被人吸入体内造成危害。

据研究PM10的危害大于总悬浮颗粒物，而PM2.5的危害又大于PM10。

可惜现在对 PM2.5 的研究还很不够。

第二种室内主要空气污染物是品种日益增多的化学物质。这包括上面提到的绝大部分传统空气污染物、非传统空气污染物以及其他人类致癌物质。

第三种室内污染是放射性污染。主要是氡及其短寿命衰变子体、地面照射量率等。放射性对健康的影响主要是引起癌症发病率的增加。

第四种室内污染是生物污染。主要指细菌、病毒、霉菌、尘螨、花粉、孢子、蟑螂等造成的污染。目前国内对这方面的重视还不够，但 WHO 已相当重视，正在起草有关的建议书。严重急性呼吸综合症即由生物污染引起。

除此之外，物理因素造成的污染也不可忽视。主要表现为光、噪音、震动、属于非电离辐射的电磁辐射，超声，次声污染等。

有多种因素造成了室内环境质量不佳。一是建筑地点的选择。建筑地点要选择在通风、向阳、干燥的地方，有利于排水。要远离交通干线。地基土壤没有被污染。土壤中的放射性核素含量要在正常水平。

蟑　螂

在建筑设计上，要注意到卫生学要求。强调自然通风，要能做到每人每小时有 30 立方米的新风量。在建筑装修材料的选择上，要选择那些合乎标准的建筑装修材料，避免有害的化学溶剂、粘胶剂向室内释放。改掉不良生活习惯，也是保持室内良好空气质量的重要措施之一，重视值得。

每一个家庭都希望有舒适、温馨的家居环境，为此都精心地规划和装修自己的居室。然而，如果忽视了建材的质量，让有害的建材进入居室，那么就有可能置身于无形的"毒气"中，各种可怕的疾病有可能悄悄地逼近。

据《光明日报》报道，2000 年八九月间，河南省人民医院儿科门诊接诊了一二十个 10 岁左右的孩子。

在诊治过程中，医生了解到，这些孩子本来健康活泼，但在搬进新家以后，都得了一种怪病，症状是咳嗽、哮喘、胸闷。经心电图检查，发现这些孩子心脏有明显的缺血改变，因而确诊为心肌炎。

这些孩子既无心脏病史，体内也无可以诱发心肌炎的细菌或病毒，为什么会患心肌炎呢？最后医院的专家们终于查出了致病的"元凶"，就是家庭装修材料中的挥发性有毒气体。经过治疗，这些孩子中绝大多数已恢复健康。

像这样由于家庭装修材料含有挥发性有毒气体而致病、甚至致死的中毒性事件时有发生，这同我们缺乏环境安全意识有关。针对这种情况，专家提醒我们，家庭装修要注意考虑材料的安全性，不要"引狼入室"，损害家人、特别是孩子的健康。

研究表明，因为装修居室，有害建材带人的有毒气体污染物可能引起严重恶果。这些气体污染物主要有5种：氡、甲醛、苯、酯和三氯乙烯。其中氡的危害性最大，它主要来自碳化砖、水泥、砖头、石膏板、花岗岩等装饰材料。

氡通过呼吸道进入肺部，引起肺癌等多种疾病；甲醛主要来自保温材料、地板胶、塑料贴面等，也是一种重要的致癌物质；苯主要来自合成纤维、塑料、橡胶等，它可以抑制人体的造血功能，使白细胞和血小板减少；酯和三氯乙烯主要来自油漆、干洗剂、黏结剂等，可以引起结膜炎、咽喉炎等疾病。

花岗岩建材

如果我们的家正在打算装修居室，为了减少室内氡气的污染，首先应该考虑的是选择健康装饰建材。健康装饰建材是指对环境没有污染、对人体没有害处，并且符合人类生活需要的装饰材料。

保证良好的室内空气质量，当然要根据污染物的来源，采取适当措施。在所有措施中，加强室内通风，保持一定的新风量是最重要的措施。

没有规矩，不能成方圆。在评价室内空气质量标准时，还必须要有室内空气质量标准。我们国家的"室内空气质量标准"已于2002年11月19日发布，并于2003年3月1日起实施。这是我们国家进行室内空气质量评价的依据。标准发布之后，只能在一段时间内起作用。随着对客观规律认识的加深和新的研究成果的出现，还需要不断对现有标准进行修订和补充。

在我国的标准中，只对19种污染物给出了标准值，这当然还远远不够。各种污染物，尤其是化学污染物，要根据暴露时间给出不同的标准值。相信在下一步的修订中，必然会注意到这些问题。

知识点

军团病

军团病是嗜肺军团杆菌所致的急性呼吸道传染病。因1976年美国费城召开退伍军人大会时暴发流行而得名。

病原菌主要来自土壤和污水，由空气传播，自呼吸道侵入。

临床上分为两种类型：一种以发热、咳嗽和肺部炎症为主的肺炎型；另一种以散发为主、病情较轻，仅表现为发热、头痛、肌痛等，而无肺部炎症的非肺炎型，又称庞提阿克热。

延伸阅读

世界卫生组织的主要职责

1. 指导和协调国际卫生工作。
2. 根据各国政府的申请，协助加强国家的卫生事业，提供技术援助。
3. 主持国际性流行病学和卫生统计业务。
4. 促进防治和消灭流行病、地方病和其他疾病。
5. 促进防治工伤事故及改善营养、居住、计划生育和精神卫生。

6. 促进从事增进人民健康的科学和职业团体之间的合作。

7. 提出国际卫生公约、规划、协定。

8. 促进并指导生物医学研究工作。

9. 促进医学教育和培训工作。

10. 制定有关疾病、死因及公共卫生实施方面的国际名称。

11. 制定诊断方法的国际规范的标准。

12. 制定食品卫生、生物制品、药品的国际标准。

13. 协助在各国人民中开展卫生宣传教育工作。

环境保护与治理

HUANJING BAOHU YU ZHILI

　　环境保护，是由于工业发展导致环境污染问题过于严重，首先引起工业化国家的重视而产生的，利用国家法律法规和舆论宣传而使全社会重视和处理污染问题。

　　1962 年，美国生物学家蕾切尔·卡逊出版了一本名为《寂静的春天》的书，书中阐释了农药杀虫剂滴滴涕对环境的污染和破坏作用，由于该书的警示，美国政府开始对剧毒杀虫剂问题进行调查，并于 1970 年成立了环境保护局，各州也相继通过禁止生产和使用剧毒杀虫剂的法律。该书被认为是 20 世纪环境生态学的标志性起点。

　　1972 年 6 月 5 日~16 日由联合国发起，在瑞典斯德哥尔摩召开"第一届联合国人类环境会议"，提出了著名的《人类环境宣言》，是环境保护事业正式引起世界各国政府重视的开端，从此，环境保护的话题总是常常被人们提起。

破坏环境的结果

　　1. 土壤遭到破坏

　　据参考消息报道，110 个国家（共 10 亿人）可耕地的肥沃程度在降低。在非洲、亚洲和拉丁美洲，由于森林植被的消失、耕地的过分开发和牧场的过度放牧，土壤剥蚀情况十分严重。裸露的土地变得脆弱了，无法长期抵御风雨的剥蚀。在有些地方，土壤的年流失量可达每公顷 100 吨。化肥和农药过多使用，与空气污染有关的有毒尘埃降落，泥浆到处喷洒，危险废料到处抛弃，所有这些都在对土地构成一般来是不可逆转的污染。

2. 气候变化和能源浪费温室效应严重威胁着全人类

据 2500 名有代表性的专家预计，海平面将升高，许多人口稠密的地区（如孟加拉国国、我国沿海地带以及太平洋和印度洋上的多数岛屿）都将被水淹没。气温的升高也将对农业和生态系统带来严重影响。

3. 生物的多样性减少

由于城市化、农业发展、森林减少和环境污染，自然区域变得越来越小了，这就导致了数以千计物种的灭绝。因为一些物种的绝迹会导致许多可被用于制造新药品的分子归于消失，还会导致许多能有助于农作物战胜恶劣气候的基因归于消失，甚至会引起瘟疫。

4. 森林面积近几年的减少

最近几十年以来，热带地区国家森林面积减少的情况也十分严重。在 1980—1990 年，世界上有 1.5 亿公顷森林消失了。按照目前这种森林面积减少的速度，40 年以后，一些东南亚国家就再也见不到一棵树了。

5. 淡水资源受到威胁

据专家估计，从下个世纪初开始，世界上将有 1/4

高速发展的城市化进程

的地方长期缺水。请记住，我们不能造水，我们只能设法保护水。

6. 化学污染

工业带来的数百万种化合物存在于空气、土壤、水、植物、动物和人体中。即使作为地球上最后的大型天然生态系统的冰盖也受到污染。那些有机化合物、那些重金属、那些有毒产品，都集中存在于整个食物链中，并最终将威胁到动植物的健康，引起癌症，导致土壤肥力减弱。

7. 混乱的城市化

随着城市化的发展，大城市里的生活条件将进一步恶化：拥挤、水被污染、卫生条件差、无安全感——这些大城市的无序扩大也损害到了自然区。因此，无限制的城市化应当被看作是文明的新弊端。

8. 海洋的过度开发和沿海地带被污染

由于过度捕捞，海洋的渔业资源正在以令人可怕的速度减少。因此，许多靠摄取海产品蛋白质为生的穷人面临着饥饿的威胁。集中存在于鱼肉中的重金属和有机磷化合物等物质，有可能给食鱼者的健康带来严重的问题。

沿海地区受到了巨大的人口压力。全世界有60%的人口挤在离大海不到100千米的地方。这种人口拥挤状态使常常很脆弱的这些地方失去了平衡。

海水养殖

9. 空气污染

多数大城市里的空气含有许多取暖、运输和工厂生产带来的污染物。这些污染物威胁着数千万市民的健康，导致许多人失去了生命。

10. 极地臭氧层空洞

尽管人们已签署了蒙特利尔协定书，但每年春天，在地球的两个极地的上空仍再次形成臭氧层空洞，北极的臭氧层损失20%～30%，南极的臭氧层损失50%以上。

知识点

臭氧层空洞

臭氧在大气中从地面到 70 千米的高空都有分布，其最大浓度在中纬度 24 千米的高空，向极地缓慢降低，最小浓度在极地 17 千米的高空。20 世纪 50 年代末到 70 年代就发现臭氧浓度有减少的趋势。1985 年英国南极考察队在南纬 60°地区观测发现臭氧层空洞，引起世界各国极大关注。

延伸阅读

二战后的城市化进程

二战后，世界城市化进入全面发展阶段，并显示出众多的新特点，即世界城市化加速发展，大都市带成为城市化的生力军，卫星城逐步兴起，城市产业结构更加优化，并向可持续方向发展，但世界各国城市化差距巨大等。

1. 城市化加速发展，城市人口急剧膨胀，城市数量剧增

二战后，世界经济迅猛发展，工业化水平大大提高，直接促进了世界城市化的加速发展。世界城市人口飞速增长，城镇人口由 1950 年的 7.24 亿增加到了 20 世纪末的 30 亿左右，城市化水平由 1950 年的 28.4%，提高到了 20 世纪末的 50%，其中，发展中国家城镇人口增长更快。

根据联合国的统计数字，从 1950 年~1995 年，发达国家的城市居民增长了 37% 左右，欠发达国家城市居民的人数增加了一倍多，最不发达国家城市居民的人数增加了两倍多。世界各国的城市数量急剧增长，至 2000 年，全世界人口超过 100 万的大城市已达 325 个，超过 1000 万人口的超大城市有 20 多个。

2. 大城市优先发展，大都市带逐步形成，并成为世界城市化的主力军

在世界城市化进程中，总体而言，呈现出大城市优先增长的趋势，学术界将这一现象称为大城市优先发展规律。具体而言，主要表现形式有三：

其一，大城市人口增长迅猛。截止到20世纪末，人口500万以上的超级城市已突破60个，发展中国家的特大城市达到了300个，其中有12个城市的人口超过了1300万。

其二，大城市数量剧增。至1950年，世界上50万人口以上的大城市有188个，到1980年，已发展到476个，发展中国家245个，占51.5%，发展速度超过发达国家。目前，大城市数量增加的势头仍强劲有力，尤其是在发展中国家表现更为突出。

其三，城市群相继出现。尽管有些国家在限制大城市的发展，但大城市的增长却是不可阻挡的趋势。不仅大城市的数量急剧增加，而且其辐射的地域范围也在不断扩展。在特大城市周边地区逐渐诞生了一批中小城市，这些中小城市与所在区域的特大城市，在地理上互相毗连，在经济上互相渗透融为一体，从而与大城市一起构成了城市带或城市群。

如英国的伦敦、伯明翰、利物浦、曼彻斯特城市带，美国的华盛顿、巴尔的摩、费城、纽约、波士顿城市带，日本的东京、横滨、名古屋、大阪、神户城市带，中国的长江三角洲的沪、宁、杭城市带等。

保护环境，迫在眉睫

不知你们注意到没有，我们正处于环境危机，几乎是四面楚歌的境地。

沙漠化的草原

水源污染触目惊心，我国因污染而不能饮用的地表水占全部监测水体的40%，全国64%的人正在使用不合理的水源。

工业污染日趋严重，"蓝蓝的天上白云飘"的景象越来越少，大气污染还造成酸雨现象。水土流失日趋严重，仅水土流失面积有367万平方千米，还以每年1万平方千米的速度迅猛发展，可以说是"半壁江山付东流……"

"敕勒川、阴山下，天似穹庐、笼盖四野，天苍苍、野茫茫，风吹草低见牛羊。"唱尽了塞北草原的宽阔雄浑的景色，而一千多年后的今天，由于草原大面积退化和沙化，那种一碧千里、牛羊成群的诱人景色变成"天苍苍、野茫茫，风吹草低无牛羊"的凄凉景象。我们生存的环境正日益恶化……

地球，我们只有一个，自从出现人类以来，我们开始无止境地向地球母亲索取所需要的一切，而不思"回报"。这使人类生存的星球环境遭受严重破坏，于是地球母亲对我们不再慷慨，频频向我们发出红色警告：

酸雨问题，自20世纪70年代瑞典第一次把酸雨作为国际问题提出以来，酸雨污染日趋严重。我国1993年酸雨降水面积达280万平方千米，酸雨污染和扩大的趋势已成为全球性的问题。全球气候变暖，出现温室效应，地球气温急剧升高，不久的将来，将有可能导致两极冰雪融化，海平面上升，世界沿海30亿人口将面临海水入侵的危险。这也使某些动植物面临绝迹的危险。臭氧层耗损能改变人体免疫功能，危害人体健康。

土地荒漠化，全世界20%以上的土地（面积约3000万平方千米）正处于沙漠化的危险境地，而我国沙漠土地正以每年2100平方千米的速度扩展，大片良田变为沙漠。

化学品污染环境，据世界卫生组织统计，大约60%～90%的癌症是由化学因素造成的。

上述种种，多么触目惊心的数字，给人类的发展前景添上了暗淡的色彩。如果我们掉以轻心、等闲视之，长此以往我们的子孙将生活在一个灰色星球上：污染严重，动植物种类稀少，各种自然灾害严重。我们将面临毁灭地球，毁灭自身的危险，生存还是毁灭？这个困惑促人反思，令人警醒！

所以如何保护赖以生存的环境，不是个人问题，而是全球全人类刻不容缓的问题，我们应该积极行动起来从你我做起，从今天做起，从一点一滴做起。

1972年6月著名的"联合国人类环境会议"在瑞典首都斯德哥尔摩召开，与会的113个国家通过了一个保护全球环境的《行动计划》，在人类环境保护史上具有划时代的意义。而我国也于1973年召开了第一次全国环境保

DIQIU WO DE JIAYUAN

护会议，从此，我国环保事业进入一个崭新的发展时期。保护环境和实现可持续发展已成为我们世纪的主题。

地 球

为此，我们必须合理开发，持续性利用草地、矿产、水域、土地、森林，保护大气层，保护生物多样性，防止土地荒漠化。

建立布局合理、种类齐全、级别不同的自然保护区，控制大气污染，削减消耗臭氧层的物质，实现水资源、水质和生态系统良性循环，从根本上解决水污染问题，消灭森林"赤字"，使某些湿润、半湿润地区荒漠化得到控制。不再生活在满目荒凉的环境里，而是生活在有清新空气、蓝天白云、明媚阳光、草木成荫风景美如诗画的自然画卷中，一切令我们神清气爽，备感温馨。

地球只有一个，我们面对未来任重而道远，我们在创造无限的希望，为了今天生活得更加美好，也为了给子孙后代留下一个安居乐业的家园，让全人类挽起手来，保护环境，保护我们这个赖以生存的美丽而又脆弱的星球！

制定保护环境规划

所以说，我们必须对将来的环境保护工作做一系列严密规划部署，为达到预期环境目标作出最佳方案，环境规划是为制订国民经济和社会发展规划、国土规划的科学依据，在环境保护和社会经济发展中起着举足轻重的作用。环境规划按区域可分为全国环境保护规划、区域环境规划、城市环境规划、工业区环境规划等；按环境要素可分为水污染、大气污染、废物处理规划和噪声控制等。

制定环境规划，已经刻不容缓。保护我们生存的环境，保护我们赖以生存的地球，当从你我做起从今时今刻做起……

保护环境质量标准

目前，保护环境已经刻不容缓，而保护环境的主要目的是提高环境质量，环境质量反映出人类生存、发展及社会经济发展的适宜程度，已经愈来愈引起全社会的关注。环境质量分为大气环境质量、水环境质量、土壤环境质量、生产环境质量等。

如何来判定环境质量的好坏呢？就是要用环境质量标准即国家为保护人群健康或其他需要，而对环境中污染物或其他物质的容许含量所作的标准与规定。它是衡量环境是否受到污染的尺度，体现了国家的环境保护要求和政策。

它主要有水质量标准，土壤质量标准、生物质量标准、大气质量标准，当然每一大类又可按所控制对象不同分成若干小类。联合国早于 1973 年 1 月成立了环境规划署，根据理事会政策指导，提出联合国环境活动的中期和长期规划，制定活动方案。

要有环境标志

环境标志又称为绿色标志或生态标志，它是对产品的环境性能的一种带有公证性质的鉴定，亦即对一种产品相对于同类型的其他产品的全面的产品环境质量评价。具体地说，它是指一种印在产品或其包装上的图形，用以表明该产品的生产、使用及处理过程符合环境保护要求，对环境无害或危害极小，有利于资源的再生利用。

环境标志，作为市场营销环节的一种环境管理措施，最近几年世界上已有不少国家相继实行，随着人们环保意识的加强，越来越多的消费者能够接受环境标志制度。据调查表明，40%的欧洲人喜欢购买带有环境标志的产品。

环境标志

　　通常情况下环境标志可分为两类：一类称之为环境营销标志，这种标志大部分是由制造商、百货商店、连锁零售店自行设计使用的，贴上这种标志的产品具有特定的环境品质和质量。在某些情况下，为了给予消费者更高的信任度，保证消费者获得更准确的环境信息，该标志还标明是由某个研究标志机构所认定。

　　另一种通常称之为生态标签，即是一般意义上的环境标志。它一般由政府资助的标志机构和私人独立的标志机构所颁发。

　　产品的生产商到该机构所认定的有关产品标准，才能获取生态标签。这种环境标志，与环境营销标志最大的区别在于它是由生态标签机构通过认定向制造商或供应商颁发的，而不是制造商自行设计的，或供应商必须经过申请，经检验达到该机构所认定的有关产品标准，才能获取生态标签。这种环境标志，与环境营销标志最大的区别在于它是由生态标签机构通过认定向制造商或供应商颁发的，而不是制造商自行设计的。

　　环境标志一般由产品的生产者自愿提出申请，由权威机关（政府部门、非政府组织或公众团体）授予。标志受法律保护，但申请与否法律并未规定，它具有指导性而不是强制性。它也不是一种奖惩措施，而是一种软的市场手段，为产品生产者提供一个在市场上有竞争优势的资格。环境标志授予的对象是产品本身，而不是该产品的生产厂家。

　　环境是我们赖以生存的根本，既然有章可循，我们更应该保护环境——我们赖以生存的空间，从身边一点一滴小事做起。

　　如同美国宇航员詹姆斯·欧文所说：我们的地球那样伟大而美丽，又是那样渺小而脆弱！……我们的地球是温暖的、有生命力的，那么，好好地照料我们的地球珍惜我们的地球吧！

知识点

可持续发展

　　1987年，世界卫生组织总干事格罗·哈莱姆·希伦特兰向联大递交《我们共同的未来》报告中提出可持续发展，即："可持续发展是既满足当代人的需求，又不对后代人满足其需求的能力构成危害的发展。"称为可持续发展。是要达到发展经济的目的，又要保护好人类赖以生存的大气、淡水、海洋、土地和森林等自然资源和环境，使子孙后代能够永续发展和安居乐业。

可持续发展与环境保护既有联系，又不等同。环境保护是可持续发展的重要方面。可持续发展的核心是发展，但要求在严格控制人口、提高人口素质和保护环境、资源永续利用的前提下进行经济和社会的发展。

🌱 延伸阅读

中华人民共和国环境保护部的主要职责

（一）负责建立健全环境保护基本制度。拟订并组织实施国家环境保护政策、规划，起草法律法规草案，制定部门规章。组织编制环境功能区划，组织制定各类环境保护标准、基准和技术规范，组织拟订并监督实施重点区域、流域污染防治规划和饮用水水源地环境保护规划，按国家要求会同有关部门拟订重点海域污染防治规划，参与制订国家主体功能区划。

（二）负责重大环境问题的统筹协调和监督管理。牵头协调重特大环境污染事故和生态破坏事件的调查处理，指导协调地方政府重特大突发环境事件的应急、预警工作，协调解决有关跨区域环境污染纠纷，统筹协调国家重点流域、区域、海域污染防治工作，指导、协调和监督海洋环境保护工作。

（三）承担落实国家减排目标的责任。组织制定主要污染物排放总量控制和排污许可证制度并监督实施，提出实施总量控制的污染物名称和控制指标，督查、督办、核查各地污染物减排任务完成情况，实施环境保护目标责任制、总量减排考核并公布考核结果。

（四）负责提出环境保护领域固定资产投资规模和方向、国家财政性资金安排的意见，按国务院规定权限，审批、核准国家规划内和年度计划规模内固定资产投资项目，并配合有关部门做好组织实施和监督工作。参与指导和推动循环经济和环保产业发展，参与应对气候变化工作。

（五）承担从源头上预防、控制环境污染和环境破坏的责任。受国务院委托对重大经济和技术政策、发展规划以及重大经济开发计划进行环境影响评价，对涉及环境保护的法律法规草案提出有关环境影响方面的意见，按国家规定审批重大开发建设区域、项目环境影响评价文件。

（六）负责环境污染防治的监督管理。制定水体、大气、土壤、噪声、光、恶臭、固体废物、化学品、机动车等的污染防治管理制度并组织实施，会同有关部门监督管理饮用水水源地环境保护工作，组织指导城镇和农村的环境综合整治工作。

（七）指导、协调、监督生态保护工作。拟订生态保护规划，组织评估生态环境质量状况，监督对生态环境有影响的自然资源开发利用活动、重要生态环境建设和生态破坏恢复工作。指导、协调、监督各种类型的自然保护区、风景名胜区、森林公园的环境保护工作，协调和监督野生动植物保护、湿地环境保护、荒漠化防治工作。协调指导农村生态环境保护，监督生物技术环境安全，牵头生物物种（含遗传资源）工作，组织协调生物多样性保护。

（八）负责核安全和辐射安全的监督管理。拟订有关政策、规划、标准，参与核事故应急处理，负责辐射环境事故应急处理工作。监督管理核设施安全、放射源安全，监督管理核设施、核技术应用、电磁辐射、伴有放射性矿产资源开发利用中的污染防治。对核材料的管制和民用核安全设备的设计、制造、安装和无损检验活动实施监督管理。

（九）负责环境监测和信息发布。制定环境监测制度和规范，组织实施环境质量监测和污染源监督性监测。组织对环境质量状况进行调查评估、预测预警，组织建设和管理国家环境监测网和全国环境信息网，建立和实行环境质量公告制度，统一发布国家环境综合性报告和重大环境信息。

制定环境保护节日

人们制定环境保护节日的目的，无非就是号召大家一致行动，携起手来共同保护我们的家园——地球。

1972 年 6 月 5 日~16 日，探讨保护人类环境战略的第一次国际大会——联合国人类环境会议在瑞典斯德哥尔摩举行。会议通过了《联合国人类环境会议宣言》（简称《人类环境宣言》），同时建议联合国大会将"联合国人类环境会议"的开幕日——6 月 5 日定为"世界环境日"。同年，第 27 届联合国大会接受并通过了这项建议。此后，联合国环境规划署每年都要在这一天发表环境现状、年度报告书，以期协调人类和环境的关系。

世界环境日的意义就在于提醒全世界注意全球环境状况和人类活动对环境的影响，要求各国政府和公众在这一天开展各种活动，强调保护和改善人类环境的重要性，呼吁全世界人民为维护和改善人类环境而共同努力。

1973 年 8 月 5 日，在周恩来的关怀下，我国第一次环境保护会议在北京召开。这次会议确定了"全面规划，合理布局，综合利用，化害为利，依靠群众，大家动手，保护环境，造福人民"的环保工作方针。1974 年 5 月成立了国务院环境保护领导小组。近几年，我国相继制定了《环境保护法》、《海洋环境保护法》和《森林法》等一系列有关保护环

世界环境日标志

境的法规。保护环境是社会性很强的事业，需要人人动手，从一点一滴做起，为我们的生活，为我们的后代创造一个良好的生存环境。

其他部分相关的环保节日

地球日

20 世纪 60 年代，由于《寂静的春天》一书的出版，人类猛然间意识到环境保护事业的重要性和迫切性。于是，一场轰轰烈烈地"环境保护运动"蓬蓬勃勃地开展起来了。

早在 60 年代初，美国民主党参议员尼尔逊就开始关注和重视环境问题，并期望通过政治手段将环境保护提上议事日程。1969 年，尼尔逊先提议在全美各大学举办环境保护问题演讲会，接着策划在全美各地举办宣传和推行环境保护的社区性活动，最后把这些构想扩而广之，提议以 1970 年的 4 月 22 日为"地球日"。

1970 年 4 月 22 日，美国社会各大团体，以学生为主的 2000 多万人，举行了声势浩大的集会、游行活动，要求政府采取措施保护环境。人类只有一个地球，这次活动的影响扩大到全球，各国政府以及联合国深受惊悟，于是将 4 月 22 日定为"地球日"。

国际湿地日

2 月 2 日为国际湿地日。根据 1971 年在伊朗拉姆萨尔（RAMSAR）签定的《关于特别是作为水禽栖息地的国际重要湿地公约》，湿地是指"长久或暂时性沼泽地、泥炭地或水域地带，带有静止或流动、或为淡水、半咸水、咸水体，包括低潮时不超过 6 米的水域"。湿地对于保护生物多样性，特别是禽类的生息和迁徙有重要的作用。

世界水日

1993 年 1 月 18 日，第四十七届联合国大会做出决议，确定每年的 3 月 22 日为"世界水日"。决议提请各国政府根据各自的国情，在这一天开展一些具体的活动，以提高公众意识。

1994 年，中国政府把"中国水周"的时间改为每年的 3 月 22 日～28 日，使宣传活动更加突出"世界水日"的主题。

世界气象日

1960 年，世界气象组织把 3 月 23 日定为"世界气象日"，以提高公众对气象问题的关注。

世界无烟日

1987 年世界卫生组织把 5 月 31 日定为"世界无烟日"，以提醒人们重视香烟对人类健康的危害。

世界防治荒漠化和干旱日

由于日益严重的全球荒漠化问题不断威胁着人类的生存，从 1995 年起，每年的 6 月 17 日被定为"世界防治荒漠化和干旱日"。

世界人口日

1987 年 7 月 11 日，以一个前南斯拉夫婴儿的诞生为标志，世界人口突破 50 亿。1990 年，联合国把每年的 7 月 11 日定为"世界人口日"。

国际保护臭氧层日

1987 年 9 月 16 日，46 个国家在加拿大蒙特利尔签

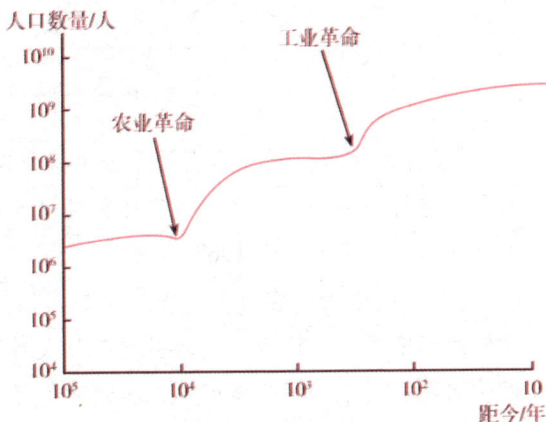

10 万年以来的人口增长

署了《关于消耗臭氧层物质的蒙特利尔议定书》，开始采取保护臭氧层的具体行动。联合国设立这一纪念日旨在唤起人们保护臭氧层的意识，并采取协调一致的行动以保护地球环境和人类的健康。

世界动物日

意大利传教士圣·弗朗西斯曾在 100 多年前倡导在 10 月 4 日"向献爱心给人类的动物们致谢"。为了纪念他，人们把 10 月 4 日定为"世界动物日"。

世界粮食日

全世界的粮食正随着人口的飞速增长而变得越来越供不应求。从 1981 年起，每年的 10 月 16 日被定为"世界粮食日"。

国际生物多样性日

《生物多样性公约》于 1993 年 12 月 29 日正式生效，为纪念这一有意义

的日子，联合国大会通过决议，从 1995 年起每年的 12 月 29 日为"国际生物多样性日"。2001 年 5 月 17 日，根据第 55 届联合国大会第 201 号决议，国际生物多样性日改为每年 5 月 22 日。

知识点

《寂静的春天》

《寂静的春天》是一本引发了全世界环境保护事业的书，书中描述人类可能将面临一个没有鸟、蜜蜂和蝴蝶的世界。作者是美国海洋生物学家蕾切尔·卡逊，于 1962 年出版。

《寂静的春天》在世界范围内引起人们对野生动物的关注，唤起了人们的环境意识，这本书同时引发了公众对环境问题的注意，促使环境保护问题提到了各国政府面前，各种环境保护组织纷纷成立，从而促使联合国于 1972 年 6 月 12 日在斯德哥尔摩召开了"人类环境大会"，并由各国签署了"人类环境宣言"，开始了环境保护事业。

延伸阅读

《联合国人类环境会议宣言》的七点共同看法和二十六项原则

联合国人类环境会议宣言又称斯德哥尔摩人类环境会议，简称人类环境宣言。1972 年 6 月 16 日联合国人类环境会议全体会议于斯德哥尔摩通过。该宣言是这次会议的主要成果，阐明了与会国和国际组织所取得的七点共同看法和二十六项原则，以鼓舞和指导世界各国人民保护和改善人类环境。

七点共同看法：

1. 由于科学技术的迅速发展，人类能在空前规模上改造和利用环境。人类环境的两个方面，即天然和人为的两个方面，对于人类的幸福和对于享受基本人权，甚至生存权利本身，都是必不可少的。

2. 保护和改善人类环境是关系到全世界各国人民的幸福和经济发展的重要问题；也是全世界各国人民的迫切希望和各国政府的责任。

3. 在现代，如果人类明智地改造环境，可以给各国人民带来利益和提高生活质量；如果使用不当，就会给人类和人类环境造成无法估量的损害。

4. 在发展中国家，环境问题大半是由于发展不足造成的，因此，必须致力于发展工作；在工业化的国家里，环境问题一般是同工业化和技术发展有关。

5. 人口的自然增长不断给保护环境带来一些问题，但采用适当的政策和措施，可以解决。

6. 我们在解决世界各地的行动时，必须更审慎地考虑它们对环境产生的后果。为现代人和子孙后代保护和改善人类环境，已成为人类一个紧迫的目标。这个目标将同争取和平和全世界的经济与社会发展两个基本目标共同和协调实现。

7. 为实现这一环境目标，要求人民和团体以及企业和各级机关承担责任，大家平等地从事共同的努力。各级政府应承担最大的责任。国与国之间应进行广泛合作，国际组织应采取行动，以谋求共同的利益。会议呼吁各国政府和人民为着全体人民和他们的子孙后代的利益而作出共同的努力。

以这些共同的观点为基础的二十六项原则包括：人的环境权利和保护环境的义务，保护和合理利用各种自然资源，防治污染，促进经济和社会发展，使发展同保护和改善环境协调一致，筹集资金，援助发展中国家，对发展和保护环境进行计划和规划，实行适当的人口政策，发展环境科学、技术和教育，销毁核武器和其他一切大规模毁灭手段，加强国家对环境的管理，加强国际合作等等。

人和生物圈计划

1971 年提出的人和生物圈（MAB）规划是一个世界范围内的国际科学合作规划，在生物圈的整个生物气候学和地理学范围内，从极地到热带，从岛屿、海滨到高山地区，从人口稀少的地区到人口稠密的地区，研究人和环境的关系。

自新中国成立到 1988 年底，吉林省长白山自然保护区、广东省鼎湖山自然保护区、四川省卧龙自然保护区、贵州省梵净山自然保护区、福建省武夷山自然保护区和内蒙古自治区锡林郭勒自然保护区已被联合国教科文组织的"人与生物圈计划"列为国际生物圈保护区。

"人与生物圈计划"规划进行的研究，旨在为解决资源管理的实际问题提供所需要的情报，它还有助于填补时生态系统的告构和功能在认识上依然存在的重要空白，也有助于了解各种人为活动对环境的影响。

武夷山自然保护区

"人与生物圈计划"规划的中心内容涉及到研究规划的决策者和当地人民，现场培训和示范，学科的汇集，包括社会学、生态学、物理学以及与复杂的环境相关的科学。

支持"人与生物圈计划"规划的国际协调理事会在 1971 年第一届会议上决定，这个规划的研究题目之一是"保护自然区域和它所包含的基因物质"。在这个题目下，引入了生物圈保护区的概念。基于这种概念，规定了一系列的保护区，并由此构成了国际间的协调网络，能够说明自然保护的价值和它同开发的关系。它把自然保护同科学研究、环境监测、人员培训、实物示教、环境教育和地方合作结合起来，加上保护网有它自己的特点，所以说生物圈保护区的提出是一项创新。

因为生物圈保护区作为有代表性的生态区域还刚刚开始，所以国际生物圈保护区网在完成"人与生物圈计划"规划时，首先把注意力集中在地理位置的选定上。

首批生物圈保护区是 1976 年指定的，以后一直稳定地增长到 1984 年。目前，全球共有 65 个国家的 243 个生物圈保护区。这期间，国际协调理事会加强了同自然保护和持续发展相关的其他国际组织的合作，特别是同"世界粮食与农业组织"、"联合国环境规划署"、"国际自然与自然资源保护同盟"的合作。这四个组织的代表，由生态保护小组召集定期会面，以协调行动。

由于生物圈保护区对基因资源，特别是野生作物、森林物种和原种的保护有它们的贡献，同家畜也有密切关系，所以世界粮食与农业组织有极大的兴趣。联合国环境规划署正在普遍增加国际网络用于自然保护的投资，特别是利用可相比较的参数进行环境监测。"国际自然与自然资源保护同盟"认为，生物圈保护区对于区域规划是有用的，在这种规划中，自然保护与持续发展直接联系在一起，这与世界保护战略是一致的。

因此，为了世界粮食与农业组织，联合国环境规划署，国际自然与自然资源保护同盟和联合国教科文组织的共同利益，在1983年召开了第一次生物圈保护区国际讨论会，总结过去10年的经验，并确定指导生物圈保护网进一步发展的基本方针。

生物圈保护区的特征

1. 生物圈保护区是指典型的大陆和沿海环境保护区，能支持持续发展，已被国际上承认具有自然保护价值，能提供科学知识和技能，并具有人类学保护价值。

2. 生物圈保护区联合构成世界保护网，这便于有关自然生态系统和人工生态系统的保护和管理情报的交流。

3. 每一个生物圈保护区都包括一个世界生物地理省份内典型天然生态系统或破坏程度最小的生态系统（中心区域）的例子。还要尽可能地包括下述类型的区域：首先，特有分布和基因聚集的中心，或具有特别科学价值的独特自然环境的中心（可以是部分中心区域或整个中心区域）；其次，适合于实际控制开发，评价和证明持续发展的地区；再次，由传统的土地利用模式产生的和谐景观的例子；最后，适合于恢复到自然或接近自然条件的变态或衰退生态系统的例子。总之，上述各种类型的区域为生物圈保护区发挥科学和管理功能奠定了基础。

4. 每一个生物圈保护区 | 应当大得足以作为有效的自然保护单位，并应具有该保护区长期变化测量标准的价值。

5. 生物圈保护区应当提供生态研究、教育、示范和培训的机会。

6. 缓冲区包括上述第 3 条中的任何一个地区或几个地区的组合，这些地区适合于或已用于研究。

此外，缓冲区还包括大片未被开发但可用于发展合作活动的地区，这些合作活动要确保应以与上述第 3 条列举的其他保护区的保护和研究功能相一致的方式加以控制。这种复合利用区可包括各种农业活动、住宅区和其他用途，在空间和时间上还可有所变化，这样就形成了"合作区"或"影响带"。

7. 生物圈保护区必须具有适当的长期性的法律、法规和制度上的保护，它可以与现有的或拟设置的保护区（如国家公园或研究保护地）一致起来，或是合并到这些保护区中。这是因为某些这样的保护区常常是自然景观未改变的最好实例，或是因为它们包含有适合于完成生物圈保护区各种功能的地区。

8. 人应当被看做是生物圈保护区的组成部分。人构成最重要的景观成分，人的活动是保护区长期保护和合理利用的基础．人和他们的活动不应排斥在生物圈保护区之外，而是应当鼓励他们参加保护和管理。这样，才能确保自然保护活动有更大的社会支持。

9. 一般在生物圈保护区规划之后不需改变土地所有权或管理法令，为确保中心区和特别研究地的绝对保护需要改变的地区例外。

但是，上述特征对生物圈保护区概念广度的解释是不充分的。获得成功的生物圈保护区构成自然保护和开发利用协调结合的模式。这些模式提供世界自然保护战略（持续发展活动）应用的实例。

生物圈保护区的功能

1. 作为开放系统进行保护

人们很早就清楚，如果各种生物体和生态系统仅有的安全地带是多环境类型的保护区，那么它们就不能得到永久满意的保护。尽管如此，这还是迄今为止实际上广泛采用的唯一途径。如果基因保护在经受天然和人为的环境变化中获得成功，那么就需要一个比较开放的自然保护系统。在这个系统中，未受破坏的自然生态区域可以由协调应用的区域所环绕。生物圈保护区提供这样的条件，大概它应当被看作是典型生态景观区不太严格的保护区。

在生态景观保护区内，土地利用是受控制的，控制的程度可以从完全保护到集约型持续生产变化。在某些环境条件下，生物圈保护区甚至不需连接成片，而可以彼此分离。如果需在不断变化的条件下确保自然保护，这种分级控制就为所需要的处理提供了灵活性。

因为生物圈保护区包含某一生物地理区域内特有植物区系和动物区系的主要部分，所以它们是重要的基因物质库。这些资源正在用来开发新的医药、工业化学品、建筑材料、食品来源、昆虫控制剂，并在有助于改善人类生活的其他产品中不断找到新的应用。

生物圈保护区的基因资源还可为在本地物种已经灭绝的地区重新移植这种物种提供基因物质，因而会增加区域生态系统的稳定性和多样性。

生物圈保护区与其他类型的保护区相结合形成局部性的或区域性的保护网，它能保护互补的生态系统和生态多样性的各个物种。

生物圈保护区一个独特的功能是保护传统的土地利用体系。这些系统常常反映人类长期经验，可为提高现代土地利用的生产力和自养能力，改善经营管理提供有巨大价值的情报。除了为科学研究提供重要的场所外，这些地区还可帮助部分当地居民培养他们传统的自尊心，通过合理地利用科学技术，还能在以尊重其传统的前提下，为改善他们的生活方式提供基础。

2. 研究和监测功能

由于生物圈保护区安全可靠，规模较大，所保护的区域没有人类活动的严重破坏，所以可为监测生物圈物理和生态组成的变化提供理想的场所。它们的保护和科学使命使生物区保护区成为汇集科学情报特别有吸引力的地方。

科学家们可以确信，与其他大部分地区相比在保护区内将考虑研究场地的整体性，所收集的数据将输入到科学数据库、随着土地利用的变化和人类影响逐渐减少合适监测点的可用性，生物圈保护区的科学价值将会增加。

在大部分保护区内，科学研究是第二位的功能，目的是为与保护区本身资源与管理直接相关的问题提供有用的情报。在生物圈保护区内，鼓励开展涉及自然科学和社会科学的交叉学科的研究，以提出大范围内自然区域生态系统持续保护的模式。

生物圈保护区为协调研究提供场所，包括确定保护生态多样性需要的研究，评价污染对生态系统结构和功能影响的研究，评价传统的和现代的土地利用实践对生态系统工艺影响的研究，开发受破坏地区的永续生产系统的研究。

此外，国际保护网为在世界不同的地方对相类似的问题进行比较研究，为验证、标准化和传送新的方法学，为协调情报管理系统的发展提供基础。

3. 教育和培训功能

生物圈保护区可作为教育和培训科学家、资源管理人员、保护区管理人员、访问人员和当地居民的重要中心场所。着重强调保护区内发展教育和培训的规划。这些规划的性质取决于生物圈保护区及其周围地区具体的条件、能力和要求。但是，下面一些活动一般都受到鼓励：

科研人员和专业人员的培训；环境教育；示范和推广；对依照招工就业规定补充的当地人员进行培训。

4. 合作功能

合作不仅可起到综合其他功能的作用，而且生物圈保护区概念还蕴藏着道义上的力量。生物圈保护区的地位可为改善局部的、区域的和国际间的合作提供基础。各类保护区在管理方面的合作正在增强，但是，生物圈保护区的合作在某些方面不同于其他保护区，主要表现在：

首先，这种合作从一开始就具体而明显地体现在生物圈保护区的概念中。与别的保护区不同，它是整个生物圈的基本部分，在培养后代个人的责任心方面起着关键的作用。

其次，在局部和区域水平上的合作有广泛的基础，会涉及不同的行业和不同观点的人。所做的努力旨在寻求处理特定的生物地理区域反映的复杂而相互关联的环境、土地利用和社会经济问题。

由于这个原因，在规划和执行生物圈保护区设计思想时，所涉及的行业范围具体地包括生物圈保护区的管理人员、自然和社会科学家、资源管理者、环境和开发工作者、政府决策人和当地人民。这些人员的合作建立在需要综合地考虑该生物地理区域的自然保护与开发以及共同承认生物圈保护区价值的基础之上。

通过这些合作努力，生物圈保护区周围的地区最终会得到发展，这说明在受控地带可实现合作活动和土地的协调利用。当更多的参加者在建设生物圈保护区中合作的时候，这个地区的空间尺寸就会扩大。为完成生物圈保护区的使命，合作网的发展是一个无休止的过程。

再次，生物圈保护区还可以促进建立适当的机构，以便组织政府部门和科研单位的技术力量，为特定地区的生态系统利用和管理问题提供咨询。

最后，所有的生物圈保护区都是国际网的一部分，这为各生物地理区内部和彼此之间的联络奠定了基础。所进行的合作包括共享技术和情报，制定协调的监测和研究规划，为共同感兴趣的问题提供加工情报。

生物圈保护区特别适合承担的任务是：共同监测地区和全球污染物及其对自然生态系统和受控生态系统的影响，生态系统的联合模拟、评价和预测，可再生资源各种管理体系的比较评价。合作的内容还包括学者的交流和培训，以促进生物圈保护区的选择及其功能的开发。

➡ 知识点

社会学与生态学

社会学起源于 19 世纪末期，是一门利用经验考察与批判分析来研究人类社会结构与活动的学科。社会学家通常将经济学、政治学、人类学、心理学等一起并列于社会科学来进行研究。社会学的研究对象范围广泛，小到几个人面对面的日常互动，大到全球化的社会趋势及潮流。

生态学，是德国生物学家恩斯特·海克尔于 1869 年定义的一个概念，是研究生物体与其周围环境（包括非生物环境和生物环境）相互关系的科学。目前已经发展为"研究生物与其环境之间的相互关系的科学"。系统论、控制论、信息论的概念和方法的引入，促进了生态学理论的发展。

延伸阅读

我国自然保护区的类型

1. 以保护完整的综合自然生态系统为目的的自然保护区。

例如以保护温带山地生态系统及自然景观为主的长白山自然保护区，以保护亚热带生态系统为主的武夷山自然保护区和保护热带自然生态系统的云南西双版纳自然保护区等。

2. 以保护某些珍贵动物资源为主的自然保护区。

如四川卧龙和王朗等自然保护区以保护大熊猫为主，黑龙江扎龙和吉林向海等自然保护区以保护丹顶鹤为主；四川铁布自然保护区以保护梅花鹿为主等。

3. 以保护珍稀孑遗植物及特有植被类型为目的的自然保护区。

如广西花坪自然保护区以保护银杉和亚热带常绿阔叶林为主；黑龙江丰林自然保护区及凉水自然保护区以保护红松林为主；福建万木林自然保护区则主要保护亚热带常绿阔叶林等。

4. 以保护自然风景为主的自然保护区和国家公园。

如四川九寨沟、缙云山自然保护区、江西庐山自然保护区、台湾省的玉山国家公园等。

5. 以保护特有的地质剖面及特殊地貌类型为主的自然保护区。

如以保护近期火山遗迹和自然景观为主的黑龙江五大连池自然保护区；保护珍贵地质剖面的天津蓟县地质剖面自然保护区；保护重要化石产地的山东临朐山旺万卷生物化石保护区等。

6. 以保护沿海自然环境及自然资源为主要目的的自然保护区。

主要有台湾省的淡水河口保护区，兰阳、苏花海岸等沿海保护区；海南省的东寨港保护区和清澜港保护区、广西山口国家红树林生态自然保护区（保护海涂上特有的红树林）等。

加大绿化程度

草坪是环境的净化器

草坪又被人们称为草皮。它对于人类生存环境有着美化、维护和改善的良好作用，同时，绿草茵茵的草坪也具有较高的观赏价值和实用价值。

我国研究利用草坪有着悠久的历史。早在春秋时期，《诗经》中就有对草地描述的佳句。公元前187～公元前157年张骞通西域，就带回一定数量的草坪草。那时的草坪只是宫庭园林中的小块草地。而到公元500年左右，人们开始注意各种庭园中的绿色草地——草坪。

13世纪，草坪跨出庭园的园墙，进入户外的运动场、娱乐、游玩和栖息地。18世纪，英国、德国、法国等国家先后都建立和普及了草坪。

草坪草都来源于天然牧场，从最初的庭园绿化到目前的运动场、娱乐地等，它广泛地应用于各种场所，渗入到人类的生活，成为现代社会文明不可分割的组成部分。于是草坪草的研究成为一门新兴的学科。

人们通过研究表明，草坪能净化空气，消除病菌。1公顷草坪地，每昼夜能释放氧气600千克。它具有很强的杀菌能力，一些有毒空气被草坪吸收后，可以陆续地转化为正常的代谢物。草坪草密集交错，叶片上有很多绒毛和黏性分泌物，就像吸尘器一样，吸附着飘流粉尘和其他金属微粒物。绿色

草　坪

的草坪是一个既经济又理想的"净化器"。它可以把流经草坪的污水净化得清澈见底。

至于草坪固土扩坡，防止水土流失的功能，又对保护环境有着极其重要的意义。草坪就像绿色的地毯，其根部在土壤中纵横交错纺织着一幅网状图案，与土壤紧密地结合着，既能疏松土壤，又能防止土壤流失。

绿色的草坪以其具备的吸热和蒸腾水分的作用，可以产生降温增温的效力，可以调节小气候。草坪是消除和减弱城市噪声污染的最好武器，又是十分廉价的除音设备，有人测定宽40米的草坪绿地，可以减低噪声10分贝～15分贝。草坪外形低矮平整，色泽如一，线条起伏，图案新奇，则给人以美的享受。

关于绿色草坪在喧嚣的城区，以绿色毯状映衬着五彩缤纷的鲜花，不仅净化着环境，而且给人以美的享受，我们多希望这绿色的地毯加快延伸。

城市要向空间绿化发展

随着城市高层建筑的叠起，绿化面积缩小了，人们休憩、活动的场所少了，生态平衡也受到了一定的影响。在这严峻的现实面前，国内外一些建筑设计大师，提出了空间绿化的设想，并积极而大胆地尝试和实施。

城市绿化

早在1959年，美国的一位风景建筑师，在一座6层楼的楼顶上，建造了一个风景绮丽，别具一格的空中花园，为城市空间绿化创造了良好的开端。

在人口稠密的日本，近些年设计的楼房，除显著加大了阳台，提供了绿化的方便条件外，还把高层的屋顶做成"开放式"，使整个空间连成一片，居民们可根据不同的爱好种植莳草，从而使大片的屋顶草碧花繁。

德国建成的阶梯式或金字塔形住宅群，利用阳台布置起一个个精美的微型花园，远看如半壁花山，近观似斑斓峡谷，俯视又若一片花海，美不胜收。

1977年，加拿大一座18层办公大楼，采用轻型多孔材料并配以土壤，建成了一个包括有假山、瀑布、水池、草坪、花坛、树群在内的盆景式空中花园，使观光者赞不绝口。

我国的一些大城市，近年来也相继作了空间绿化的尝试。如广州东方宾馆，在十一层楼的天台上精心建造了具有我国园林特色的屋顶花园，那里桥水相连，花木争妍。

城市向空间绿化，弥补了失去的绿化面积，点缀了市容，同时对保护环境、丰富现代生活，保障人群健康会起到不容忽视的积极作用。实践证明，屋顶绿化的建筑设计不仅投资少，而且结构简单，施工容易，综合效益良好，值得重视和推广。空中花园的底层和防水层与一般平顶构造相同，它不需要一般平顶的隔热层和保温层。

园林绿化是城市的清洁员

城市是人类政治、文化的中心。因为人烟稠密、工业交通发达等原因，环境污染较为严重。为了保护人们的健康，必须进行环境保护。城市园林绿化是城市的清洁员。

工业城市空气中的二氧化碳增加，氧气减少。如多种树木可以吸收二氧化碳放出氧气。女贞树吸收氯气较多，樟树吸氟，夹竹桃吸收二氧化硫。所以，园林绿化是空气的"净化器"。

人们长期处在灰尘污染的环境里，易患气管炎、尘肺，树木有明显阻挡和过滤灰尘的作用。所以，园林绿化又是天然的"吸尘机"。

有些植物能分泌挥发性物质。如桉油、肉桂油、柠檬油，这些物质有消灭细菌的作用。有人估计，百货商店空气含菌每立方米达400万个，林荫道为58万个，公园为1000个；百货商店与公园的空气含菌量相差4000倍。可见，园林植物是良好的"杀菌剂"。

城市居民每时每刻都受着各种噪声的干扰，对人体健康危害很大。国外人们试验用各种方法减弱和隔绝噪声，其中用绿化来减低噪声，是一种较为有效的方法。据测试树木能减弱噪声，其原因是声音投到树叶上后又反向到各方面，噪声波造成树叶微振也能使噪声减弱，而厚大且有绒毛的叶片减噪效果最好。在街道、工厂旁、学校里种植树木是减低噪声的一种措施。所以，园林绿化还是有效的"隔音板"。

美国对城市规划规定，城市绿地面积包括公园平均每人为 40 平方米；莫斯科的绿地面积占城市总面积的 40%；英国平均每人为 24 平方米，住宅区为 9 平方米；日本将工厂从城市迁往郊区，腾出土地种植树木花草；丹麦哥本哈根兴建森林住宅，市民开窗见绿，空气清新，心情舒畅；保加利亚索菲亚市区的大楼墙面上，爬满了青藤绿蔓，使被誉为凝固的音乐的建筑物，富有流动的色彩美。近年来，我国广州、北京、上海等城市见缝插绿，进行垂直绿化，使城市枯燥单调的建筑物富有生机和活力。

种植树木，减低噪声

➤ 知识点

垂直绿化

垂直绿化又叫立体绿化，就是为了充分利用空间，在墙壁、阳台、窗台、屋顶、棚架等处栽种攀缘植物，以增加绿化覆盖率，改善居住环境。垂直绿化在克服城市家庭绿化面积不足，改善不良环境等方面有独特的作用。

延伸阅读

仙人掌的妙用

仙人掌原是生长在美洲、非洲的沙漠和半沙漠地区，炎热而干旱的环境使它改变了自身的结构和生活方式：它的茎变得肉质多浆，贮藏着大量的水分；它的叶缩小成针刺，以减少水分蒸发。这样一来，即使在极度干旱的条件下，仙人掌也能继续生长。在"仙人掌之国"墨西哥，仙人掌的寿命很长，有的重达几吨，旅行者口渴时可将仙人掌劈开，挖食柔嫩多汁的茎肉，以解饥渴。由此，仙人掌被冠以"沙漠中的甘泉"的美名。

然而，仙人掌的作用不仅仅如此。花卉专家发现，在室内养花多，夜间会污染空气，但是在室内养植仙人掌，却可使室内空气中负离子增加，空气特别新鲜，有益于人体健康。

那么，为什么在室内种植仙人掌会使空气中负离子增加呢？这是因为仙人掌为适应沙漠地区干热的气候，白天将气孔关闭，以免水分蒸发掉；夜间则打开气孔，吸收二氧化碳，呼出氧气。所以，在居室中摆设花卉，如能搭配几盆仙人掌，对于改善居室空气质量，是大有益处的。

除此之外，仙人掌还有其他许多好处。譬如，川西大渡河一带生长的一种名叫"仙桃"的仙人掌，果实又香又甜，既可生吃，又能熬糖，茎肉还是很好的牲畜饲料。

仙人掌还用作药材：将鲜仙人掌去刺捣烂，可敷治腮腺炎、乳腺炎和疖疮痈肿；捣汁外搽，可治火烫创伤；煎服可治胃痛、急性菌痢。在一块新鲜的仙人掌一端砍几条口子，稍加揉压，放在水中搅二三分钟，当水里出现凝聚物时，再静止5分钟，水里的杂质就可沉淀下来，细菌沉淀率可达80%以上，效果胜明矾一筹。野外作业，带上几块仙人掌，只要保存不干，一般在15—20天内仍有净水效果。

新能源的开发

　　一般地说，常规能源是指技术上比较成熟且已被大规模利用的能源，而新能源通常是指尚未大规模利用、正在积极研究开发的能源。因此，煤、石油、天然气以及大中型水电都被看作常规能源，而把太阳能、风能、生物质能、地热能、海洋能以及氢能等作为新能源。

　　太阳能一般指太阳光的辐射能量。广义上的太阳能是地球上许多能量的来源，如风能，化学能，水的势能等由太阳能导致或转化成的能量形式。

　　利用太阳能的方法主要有：太阳能电池，通过光电转换把太阳光中包含的能量转化为电能；太阳能热水器，利用太阳光的热量加热水，并利用热水发电等。

太阳能热水器

　　太阳能清洁环保，无任何污染，利用价值高，太阳能更没有能源短缺这一说法，其种种优点决定了其在能源更替中的不可取代的地位。

　　风能是太阳辐射下流动所形成的。风能与其他能源相比，具有明显的优势，它蕴藏量大，是水能的 10 倍，分布广泛，永不枯竭，对交通不便、远离主干电网的岛屿及边远地区尤为重要。目前风能最常见的利用形式为风力发电。

　　自 19 世纪末，丹麦研制成风力发电机以来，人们认识到石油等能源会枯竭，才重视风能的发展，利用风来做其他的事情。

1977 年，德国在著名的风谷——石勒苏益格—荷尔斯泰因州的布隆坡特尔建造了一个世界上最大的发电风车。

截止 2009 年底，全球累计装机容量已经达到了 1.59 亿千瓦，2009 年全年新增装机容量超过 3 千万千瓦，涨幅 31.9％。从累计装机容量看，美国已累计装机 3516 万千瓦，稳居榜首；我国为 2610 万千瓦，位列全球第二。

生物质能来源于生物质，也是太阳能以化学能形式贮存于生物中的一种能量形式，它直接或间接地来源于植物的光合作用。

生物质能是贮存的太阳能，更是一种唯一可再生的碳源，可转化成常规的固态、液态或气态的燃料。

地球上的生物质能资源较为丰富，而且是一种无害的能源。地球每年经光合作用产生的物质有 1730 亿吨，其中蕴含的能量相当于全世界能源消耗总量的 10 倍~20 倍，但目前的利用率不到 3％。

地热能是由地壳抽取的天然热能，这种能量来自地球内部的熔岩，并以热力形式存在，是引致火山爆发及地震的能量。

地球内部的温度高达 7000℃，而在 80 千米~100 千米的深度处，温度会降至 650—1200℃。透过地下水的流动和熔岩涌至离地面 1 千米~5 千米的地壳，热力得以被转送至较接近地面的地方。高温的熔岩将附近的地下水加热，这些加热了的水最终会渗出地面。地热能是可再生资源。

人类很早以前就开始利用地热能，例如利用温泉沐浴、医疗，利用地下热水取暖、建造农作物温室、水产养殖及烘干谷物等。但真正认识地热资源并进行较大规模的开发利用却是始于 20 世纪。

1904 年，意大利的皮也罗·吉诺尼·康蒂王子在拉德雷罗首次把天然的地热蒸气用于发电。地热发电是利

地 热

用液压或爆破碎裂法把水注入到岩层，产生高温蒸气，然后将其抽出地面推动涡轮机转动使发电机发出电能。在这过程中，将一部分没有利用到的或者废气，经过冷凝器处理还原为水送回地下，这样循环往复。

20世纪90年代中期，以色列奥玛特公司把地热蒸汽发电和地热水发电两种系统合二为一，设计出一个新的被命名为联合循环地热发电系统，该机组已经在世界一些国家安装运行，效果很好。

海洋能指蕴藏于海水中的各种可再生能源，包括潮汐能、波浪能、海流能、海水温差能、海水盐度差能等。

海洋能在海洋总水体中的蕴藏量巨大，而单位体积、单位面积、单位长度所拥有的能量较小。这就是说，要想得到大能量，就得从大量的海水中获得。

海洋能具有可再生性。海洋能来源于太阳辐射能与天体间的万有引力，只要太阳、月球等天体与地球共存，这种能源就会再生，就会取之不尽，用之不竭。

海洋能有较稳定与不稳定能源之分。较稳定的为温度差能、盐度差能和海流能。不稳定能源分为变化有规律与变化无规律两种。属于不稳定但变化有规律的有潮汐能与潮流能。人们根据潮汐潮流变化规律，编制出各地逐日逐时的潮汐与潮流预报，预测未来各个时间的潮汐大小与潮流强弱。潮汐电站与潮流电站可根据预报表安排发电运行。既不稳定又无规律的是波浪能。

海洋能属于清洁能源，也就是海洋能一旦开发后，其本身对环境污染影响很小。

氢位于元素周期表之首，它的原子序数为1，在常温常压下为气态，在超低温高压下又可成为液态。作

潮汐

为能源，氢有以下特点：

所有元素中，氢质量最轻。

所有气体中，氢气的导热性最好，比大多数气体的导热系数高出 10 倍，因此在能源工业中氢是极好的传热载体。

氢是自然界存在最普遍的元素，据估计它构成了宇宙质量的75％，除空气中含有氢气外，它主要以化合物的形态贮存于水中，而水是地球上最广泛的物质。据推算，如把海水中的氢全部提取出来，它所产生的总热量比地球上所有化石燃料放出的热量还大 9000 倍。

除核燃料外氢的发热值是所有化石燃料、化工燃料和生物燃料中最高的，是汽油发热值的 3 倍。

氢燃烧性能好，点燃快，与空气混合时有广泛的可燃范围，而且燃点高，燃烧速度快。

氢本身无毒，与其他燃料相比氢燃烧时最清洁，除生成水和少量氨气外不会产生诸如一氧化碳、二氧化碳、碳氢化合物、铅化物和粉尘颗粒等对环境有害的污染物质，少量的氨气经过适当处理也不会污染环境巨，而且燃烧生成的水还可继续制氢，反复循环使用。

氢能利用形式多，既可以通过燃烧产生热能，在热

现代火箭发射常以液态氢为燃料

力发动机中产生机械功，又可以作为能源材料用于燃料电池，或转换成固态氢用作结构材料。用氢代替煤和石油，不需对现有的技术装备作重大的改造现在的内燃机稍加改装即可使用。

氢可以以气态、液态或固态的氢化物出现，能适应贮运及各种应用环境的不同要求。

　　氢具有高挥发性、高能量，是能源载体和燃料，同时氢在工业生产中也有广泛应用。现在工业每年用氢量为 5500 亿立方米，氢气与其他物质一起用来制造氨水和化肥，同时也应用到汽油精炼工艺、玻璃磨光、黄金焊接、气象气球探测及食品工业中。

知识点

太阳辐射

　　太阳辐射是指太阳向宇宙空间发射的电磁波和粒子流。地球所接受到的太阳辐射能量仅为太阳向宇宙空间放射的总辐射能量的二十亿分之一，但却是地球大气运动的主要能量源泉。

　　太阳辐射通过大气，一部分到达地面，称为直接太阳辐射；另一部分为大气的分子、大气中的微尘、水汽等吸收、散射和反射。被散射的太阳辐射一部分返回宇宙空间，另一部分到达地面，到达地面的这部分称为散射太阳辐射。到达地面的散射太阳辐射和直接太阳辐射之和称为总辐射。

延伸阅读

火箭的推进剂与燃料

火箭使用什么动力升空的呢？

　　早在火箭发明前，人们使用油和汽作燃料，汽车、轮船和飞机就是靠这些燃料来行驶的。后来，科学家发明了靠化学能来产生动力的运载火箭。

　　运载火箭是用煤油、酒精、偏二甲肼、液态氢等作为燃烧剂，而用液态氧、四氧化二氮等等提供的氧化剂帮助燃烧的，人们习惯上把燃烧剂和氧化剂通称为火箭发动机的燃料或推进剂。

　　从物理形态上讲，火箭发动机使用的推进剂有两种形式，一种是液态物质，另一种是固态物质。燃烧剂和氧化剂都是呈液体形态的发动机则称为液体燃料发动机，或称为液体火箭发动机，两者都是呈固体状态，则称为固体燃料火箭发动机或固体火箭发动机。如果在两种燃料中，一种为固体，一种为液体，则称为固—液火箭发动机或直接称其物质名称的火箭发动机。如氢氧火箭发动机。由于固态燃烧剂产生的能量比液体氧化剂发出的能量高，所以，目前研制的火箭发动机多是固—液火箭发动机，两种燃料相遇燃烧，形成高温高压气体，气体从喷口喷出，产生巨大推力而把运载火箭送上了太空。

物种的保护

从地球诞生之日算起，地球上总共出现过约 10 亿个物种，到现在留下来的只有 10%，即 1000 万个物种。99% 的物种都在漫长的生物进化过程中灭绝了。这个过程，大约经历了 30 多亿年。

在人类出现以前，地球上剩下的物种已经不多。火山爆发、地壳运动、冰期出现等自然灾变，导致了生物生存环境的极端恶化，是引起生物物种大量灭绝的直接原因和首要原因。

人类出现以后，大大地改变了生物之间的生存竞争法则，使生物物种灭绝的速度越来越快。据统计，大约 400 年以前，地球上的生物每过三四年灭绝一种；进入 20 世纪，每过一年就有一种物灭绝，20 世纪 80 年代以来，每过一个小时就有一种生物灭绝。生物物种的急剧减少，人类必须担负一定的责任。

人类的开荒、开矿、城市和交通建设、修筑水坝等活动，破坏了很多生物的栖息地。例如，朱鹮鸟是世界上濒临灭绝的珍贵鸟种之一，在我国主要分布于陕西秦岭山区，由于人们频繁过度的采林活动，致使朱鹮鸟丧失了生存条件，数量锐减，几乎灭绝，20 世纪 80

远古人类生活想象图

年代只剩下 7 只朱鹮鸟。经过大力保护，到现在朱鹮鸟虽然避免了灭绝的危险，但不过只有 80 多只。

人类不适当地引进物种，破坏了某些区域长期以来形成的生态平衡，导致物种的减少与灭绝。

人类对野生动植物的捕杀和采集，给不少物种的生存带来困难。例如，200 年以前，北美洲野牛大约有 6000 多万头，由于人们滥捕滥杀，最后一群野牛终于在 1883 年被围剿清灭。现在，尽管在北美的某些动物园里还能看到几头野牛，但作为一个野生物种，野牛实际上已因人为因素而灭绝了。

生物物种的灭绝，最终会破坏地球生态的平衡，威胁人类的生存。为了保护地球环境，为人类自身利益着想，我们必须采取有效措施使人类的生产、生活活动进一步规范化、合理化，从而保护和拯救生物物种。

人类已经认识到生物物种的减少，将导致地球生态失衡，最终危及人类自身的生存。所以，人为地有意识地保护、拯救生物物种势在必行。

自从英国科学家"克隆"小绵羊"多利"成功以来，有人就一直把拯救濒临灭绝的珍贵物种的希望寄托在克隆技术上。然而，物种的进化需要基因多样性，克隆出来的物种，只是母体的翻版，它的基因序列与母体完全相同，不具有多样性。所以，尽管克隆技术能够有效增加物种的数量，但通过克隆来保护、拯救生物物种的道路是行不通的。

植物园

保护地球生物多样性通常采取离体保护、移徙保护、就地保护和合理管理保护等几种手段。

离体保护就是将动物的精液、植物的种子、根、茎、花粉、组织等从活的生物体上取出来，长期保存起来，以备将来繁殖时用。

移徙保护就是将野生生物从野外原生地移到动物园、植物园、水族馆、树木园等场所，实行人工种植、养殖。

就地保护是把野生动植物和它们生存的环境一块儿保护起来，如建立自然保护区、国家公园、禁伐区、禁猎区、国有森林、自然生物区等，通过保护各种生态系统的途径来保护野生生物。

合理管理保护就是对某一个地区、一个国家以至全球水资源、土地资源、森林资源等生态资源进行周密的规划、分配和监测，合理利用，避免过度开发，从而达到在更大的范围内保护生物多样性的目的。

显然，离体保护、移徙保护和就地保护的范围和数量都非常有限，只有合理管理保护才能使较多的生物物种受到保护。

物种保护是人类生存意识的觉悟，也是维护自身生存发展利益的行动，需要全世界各国人民、政府、团体、组织协调一致的不懈努力。我们应当一点一滴地从爱护花草树木、鸟兽虫鱼等日常小事做起，为物种保护做贡献。

▶ 知识点

克隆

克隆是英文"clone"或"cloning"的音译，而英文"clone"则起源于希腊文"Klone"，原意是指以幼苗或嫩枝插条，以无性繁殖或营养繁殖的方式培育植物，如扦插和嫁接。在我国大陆译为"无性繁殖"。

时至今日，"克隆"的含义已不仅仅是"无性繁殖"，凡是来自同一个祖先，无性繁殖出的一群个体，也叫"克隆"。这种来自同一个祖先的无性繁殖的后代群体也叫"无性繁殖系"，简称无性系。简单讲就是一种人工诱导的无性繁殖方式。

🌱 延伸阅读

我国第一个自然保护区：鼎湖山自然保护区

1956年，鼎湖山成为我国第一个自然保护区。

鼎湖山国家级自然保护区总面积约1133公顷，位于广东省肇庆市鼎湖区，距离广州市西南 100 千米，主要保护对象为南亚热带地带性森林植被类型——季风常绿阔叶林及其丰富的生物多样性；保护区内生物多样性丰富，是华南地区生物多样性最富集的地区之一。

鼎湖山自然保护区占地面积 1133 公顷，最低海拔高度 14.1 米，最高海拔高度 1000.3 米；有高等植物 267 科 877 属 1863 种，16 个自然植被类型，兽类 38 种，爬行类 20 种，鸟类 178 种，蝶类 85 种，昆虫 681 种。建筑面积 4700 多平方米，其中用于办公和科研的 3100 多平方米，设有实验室、图书馆、展览室、标本室、讲座室和接待室；职工住宅有 1590 多平方米。已建有珍奇观赏植物园鼎湖山珍稀濒危植物园、华南杜鹃园（山）、竹园，面积总计 5.43 公顷，种类合计 158 种；另有 5 个荫棚及繁殖棚，占地 300 多平方米，一个苗圃地占地 7000 多平方米。3 个永久样地占地 4 公顷，进行生态研究观察。

鼎湖山自然保护区蕴藏有丰富的生物多样性，被生物学家称为"物种宝库"和"基因储存库"。其中，桫椤、紫荆木、土沉香等国家保护植物达 22 种，鼎湖冬青、鼎湖钓樟等华南特有种和模式产地种多达 30 种。药用植物更是多达 900 种以上。动物种类也很丰富，有兽类 38 种，爬行类 20 种，鸟类 178 种，昆虫已鉴定的有 1100 多种，其中蝶类就有 85 种。就地保护的国家保护动物近 20 种。

地带性的独一无二，鼎湖山自然保护区被誉为北回归沙漠带上绿洲中的"明珠"。本区处于北回归线附近。打开世界植被图，由于受副热带高压控制的影响，整个北回归线附近的纬度带 2/3 以上的陆地属于沙漠、半沙漠或干旱草原，只在印度、中印半岛和中国因受太平洋季风的影响，湿润多雨，分布有森林，因此在"沙漠带"上出现绿洲。然而其他地方的森林数量少且森林残缺不全，唯独鼎湖山自然保护区内有近 400 年记录历史的地带性森林植被——南亚热带季风常绿阔叶林和其他多种森林类型保存完好。在地球上绝无仅有。许多国际合作研究和国内重大的研究项目都选择在鼎湖山自然保护区为基地。

鼎湖山自然保护区的森林生态系统具有完整的演替系列和垂直分布带。区内所拥有的植被类型包括属于本气候区的地带性顶极植被——季风常绿阔叶林以及向它演变的各种各样、丰富多彩的过渡植被类型，是开展森林生态系统及植被演替极为理想的基地，是气候及植被在纬度序列上重要的一幕而不可替代。

同时，鼎湖山拥有从海拔 14 米到 1000 米的垂直带谱。此外，鼎湖山是离城市最近的森林类型保护区。因此，鼎湖山是研究植被时间演替和空间格局变化以及人为干扰对其影响的理想基地。

鼎湖山自然保护区是周边城市居民优越的休闲圣地。基于长期的自然保护，鼎湖山自然保护区内林绿、气新、水清、负离子含量高，是人们旅游休憩的好去处。每年约有 40 万~80 万的游客到鼎湖山自然保护区来观光度假。为促进地方社会和经济的发展作出了贡献。

环保企业的兴起

保护地球，保护人类生存和发展的环境，已成为国际社会的共同呼声。

随着人类环保意识的增强，绿色产品倍受欢迎，环保技术日新月异，环保产业已成为各国经济发展的重要部门。一切有作为的科学家和有远见的企业家已纷纷行动起来，为拯救地球而贡献其知识和力量。他们在事业中已取得丰硕的成果。

法国中部的阿拉德公司造纸厂很长时间内一直都将污水排入罗瓦河。后来，该公司决定净化污水。于是，与专门净化食水和处理工业废水的保利满有限公司合作，建造了一座价值 1000 万法郎的污水处理厂。现在，人们可以去造纸厂旁边垂钓了。他们正计划将该技术推广到其他 20 多家造纸厂。

实际上，保护环境对于企业来说，不但可以节省开支，而且能增加竞争力。《企业和环境》一书作者乔格·温特说："总经理可以不理会环境的时代已经过去了。将来，公司必须善于管理生态环境，才能赚钱。"

据瑞士国际管理发展研究所 1990 年对 100 名企业主管人员进行的调查，其中有 79 名说他们已大量投资，发展各种可进行生物分解或易于再循环的新产品。一些管理基金的人制定投资策略时，越来越多地考虑公司在环保方面的表现。据调查，自 1973 年以来"绿色股"（经营废料处理业务的公司发行的股票）价格在伦敦股票市场的增幅，比全部股票的平均增幅高 70%。

　　在这种情况下，不少大公司也加入了环保行列。可口可乐公司在全世界推行可以再循环使用的罐子。在美国，麦当劳快餐店改用可以再循环的纸来包汉堡包，不再使用那些不易处理的聚苯乙烯盒子。法国化妆品著名企业奥雷阿尔公司耗费 2 亿法郎巨资，经过 10 年研究，终于发现了可以不再在喷雾剂容器中使用那些损害臭氧层的氯氟烃的新方法。比利时德科斯特家族经营的屠宰场投资 2700 万比利时法郎，建造了一座新的污水处理厂。

　　一些零售商也积极地跟上，加入了环保运动行列。德国的滕格尔曼超级市场集团通知供应商，所有含纤维素的产品和包装品都不得含氯。丹麦的埃尔玛超级市场集团也规定，所有包装中不得有一切有害身体健康的物质。瑞士最大的零售公司米格罗斯发展了一种电脑程序，用来记录从生产到垃圾处理过程中，产品的包装对空气和水土造成的污染情况，看看是否符合"生态平衡"标准。一种产品如果不符合标准，超级市场就不卖它。

　　甚至，原来对环境污染严重的企业，例如，德国的赫施、拜耳、亨克尔、巴斯夫等化学工业大公司，现在也成了欧洲最绿的企业。它们共投资了 20 多亿马克推行环境保护，发展环保企业。大众汽车公司发明了一种新型涡轮增压柴油引擎，耗油量比传统的节省 30%，排出的一氧化碳也减少了 20%。它还耗资 10 亿马克兴建新的油漆厂，将完全不用化学溶剂，改用水基漆。

风力发电

　　1988 年意大利的蒙特卡蒂尼—爱迪生化学公司历经 10 年，耗费 3000 亿里拉，发明了一种可以替代石棉的聚丙烯纤维网，能像石棉那样加强混凝土，却不会制造有毒的气体或液体。该公司总经理说，意大利商人以前不大注意环保问题，但现在我们都投资研究清洁技术。

在比利时，特雷科供应系统公司制造了一系列容易操作和维修的发电风车，销售给至少 12 个发展中国家。该公司预测，到 2030 年，欧洲需用的电将有10% 由风车供应。

企业家所以关心环保，还因为环保产品深受消费者欢迎。1990 年进行的调查表明 67% 的荷兰人，82% 的西德人，50% 的英国人，在超级市场购物时，会考虑到环境污染问题，根据是否有利于环境的因素选购产品。这促使企业家环保意识增强，推动环保产品日用化，向日常生活中的衣、食、住、行等方面渗透。

在饮食方面，不少制造商已推出电解电离子式、逆渗透式、活水纯水机等改善水质的设备，向消费者提供有利于健康和可口的"保健食品"。制造商还推出了节约能源 30% 的红外线瓦斯炉，处理残羹剩饭的设备等，生产无污染的农副产品。

在居住方面，不少企业提倡生态主义，为消费者提供不会污染、破坏地球生态，及兼顾环保观念和实用功能的产品。例如，家居环保垃圾桶系列，具有健康测定功能、自行喷洗、排气除臭的抽水马桶系列，供清洁居家环境的杀虫剂、清洁剂系列，能净化居家空气的设备等。

在行的方面，目前，欧、美、日等发达国家已着手开发环保汽车，以尽量减少汽车对资源与能源的耗费和对环境的污染。德国已推出可全部回收再造的绿色汽车。美、日的不少企业也正在生产汽油添加剂和除污省油的装置。

此外，环保意识也已融入其他行业，出现了绿色化妆、绿色旅游等新潮流。尤其是过去一味在包装上强调高级的化妆品已逐步失宠，顾客日益欢迎能带来自然美的高技术、重环保的新型化妆品，那些没有添加剂的"自然色"化妆品更受欢迎。

随着环保企业、产业的兴起，一批"生态企业家"应运而生。英国绿党的两位积极分子创立了环境调查公司，为企业提供消除污染的意见，生意极为兴隆。类似这样的环保顾问，1990 年前英国只有 80 名，现在英国在环境技术领域有各类企业 1.7 万家，就业人数 40 万人。企

矿 井

业在这些咨询公司和环保顾问的帮助下，不仅减少或消除了对环境的污染，而且提高了产品的竞争力。例如，丹麦的瓦尔德·亨里克森纺织机制造公司所以能抗衡那些与它竞争的亚洲厂商，就是因为它发明、制造了一种新染色机，使纺织厂可大量减少排放有毒的废水。

环保技术的兴起将引发一场工业革命，环保产业的发展将导致世界经济结构的重大调整。它将使化学工业、金属加工、采矿等这些"肮脏工业"受到最严重的冲击，而以环保产品为中心的市场将形成数万亿美元的需求。

随着人类对新的"绿色"设备和"绿色"服务需求的增加，环保产业方兴未艾，犹如巨大的浪潮冲击着人类所有的经济活动和日常生活。一切有作为的企业家要抓住这个难得的历史机会，投身环保事业，兴办环保企业，在事业发展中为人类的生存和发展作出贡献，实现人生的价值。

➡ 知识点

绿色旅游

绿色旅游的定义有广义和狭义之分，广义的绿色旅游是指具有亲近环境或环保特征的各类旅游产品及服务。狭义的绿色旅游是指以保护环境，保护生态平衡为前提的远离喧嚣与污染亲近大自然，并能获得健康精神情趣的一种时尚旅游，通常指农村旅游，即发生在农村、山区和渔村等的活动。

延伸阅读

新兴的绿色设计潮流

随着绿色消费运动和绿色市场的兴起，在产品设计领域中出现了一股新潮流——绿色设计，又称生态设计。什么是绿色设计呢？这就是在开发和制造产品时着想于未来，以便产品的使用寿命结束时有些部件还可以翻新和重复使用，这样既有利于保护环境，又可以防止资源的浪费。

如今，人们的环保意识和观念正在不断增强，国际上的环保事业也愈来愈繁荣昌盛。估计在未来的 10 年内绿色产品将主导世界主要工业市场，由此绿色产品的设计将顺势成为工业生产行为的规范，如不能及时调整本行业的设计，就必定成为绿色浪潮中的落伍者。

尽管绿色产品目前尚无严格的行业标准，但市场层面的产品标准已经得到公认，比如：产品在生产过程中尽量少用能源和资源并且不会导致环境污染；产品在使用过程中消耗的能量较低并且不污染环境，产品使用后易于拆解、回收翻新或能够安全处置。据此进行构思和设计，就是绿色设计，这种以环境和环境资源保护为核心概念的设计过程，对制造业提出了具有划时代意义的重大课题。

绿色设计的意义之大，以致于它能够决定一种产品的命运。20 世纪 80 年代后期，柯达公司研制开发了一种价格低廉的一次性照相机，这与环保主义发生了极大的矛盾，结果损坏了柯达公司的形象。

绿色观念激发起了世界许多国家制造商们的热情，绿色设计已成为工业设计的不可阻挡的新潮流和发展趋势。柯达公司的照相机、西门子公司的咖啡壶、美国的 PC 机、日本的激光打印机、德国的汽车和加拿大的电话，都在开始制成可拆可解的结构。实践证明这些设计思想的主导是减少部件，使原材料合理化和使部件可以重新使用。"绿色"产品比常规产品能更有效地制造和销售。

▋▋ 越来越普及的低碳生活

低碳，英文为 low carbon，意指较低（更低）的温室气体（二氧化碳为主）的排放。"低碳生活"作为一种生活方式，先是从国外兴起，可以理解为：减低二氧化碳的排放，就是低能量、低消耗、低开支的生活方式。

哥本哈根气候变化大会自 2009 年 12 月 7 日开幕以来，就被冠以"有史以来最重要的会议"、"改变地球命运的会议"等各种重量级头衔。这次会议试图建立一个温室气体排放的全球框架，也让很多人对人类当前的生产和生活方式开始了深刻的反思。纵然世界各国仍就减排问题进行着艰苦的角力，但低碳这个概念得到了广泛认同。

如今，这股风潮逐渐在我国一些大城市兴起，潜移默化地改变着人们的生活。低碳生活代表着更健康、更自然、更安全，返璞归真地去进行人与自然的活动。

目前，网上出现了许多与低碳生活有关的族群。与之相伴，一些可以计算个人排碳量的计算器在网上日益火暴。它有一套精确的计算公式，将"日常消费——二氧化碳排放——碳补偿"这一链条直观而简洁地呈现出来。

例如有一个"二氧化碳排放量查询"的计算器，你只要任意输入飞机飞行千米数、汽车耗油公升数以及用电度数，你就可以简要地查出你的二氧化碳排量，然后屏幕还会提示你应该种上多少棵树才足够进行补偿。

另一个名为"全民节能减排计算器"的软件则更全面，只要输入你的家庭人口数以及在衣、食、住、行、用等方面节约的信息，就能计算出你的家庭全年的减排量和节能量。

在全国的一些大中城市，低碳一族正在慢慢形成。他们不差钱，但追求一种简约的低碳生活方式。

在饮食上，他们以素食为主，这并不是由于宗教信仰，而是畜牧业需要消耗更多的能源，相比之下果蔬要少得多。他们少喝或基本不喝碳酸饮料。

在穿的方面，他们尽量少买衣服，如果买，多数人选择穿棉质衣服，拒绝皮草和化纤衣服，他们希望通过日常生活中的每个细小习惯的改变来减少碳排放。而在用方面，如果一个星期没有使用两次以上的，坚决不买，尽量减少不必要浪费。

日常生活减碳窍门

1. 家居篇

改改你的"电动依赖症"吧，电动电器会在生产和使用过程中消耗大量高含碳原材料以及石油，变相增加了二氧化碳的排放。

静下心来把杂乱无章的书房收拾一下吧。布艺和地毯统统都拿走，散落的杂志都收进柜子里去，开放式的书架里不要放太多的东西。只要记得简单就好，简约风会使你的房间在不知不觉中就变得凉爽惬意起来。

近几年来，简约的设计风格渐渐成为家庭装修中的主导风格。而简约的风格恰恰就是家装节能中最为合理的关键因素，当然简约并不等于简单，只要设计考虑周全，简约的风格是很适宜现代装修，特别是年轻人的装修来使用的。而且这样的设计风格能最大限度地减少家庭装修当中的材料浪费问题。通透的设计如今也慢慢被越来越多的业主所接受，而这样的设计在保持通风和空气流通的同时，也很大程度上减少了能源浪费。

以前的家总是千篇一律的白色，随着化工产业的发展，家居的颜色越来越多。其实色彩的运用也是关系到节能的，过多使用大红、绿色、紫色等深色系其实就会浪费能源。

特别是高温时节，由于深色的涂料比较吸热，大面积设计使用在家庭装修墙面中，白天吸收大量的热能，晚上使用空调会增加居室的能量消耗。

在装修过程中，其实可以更多在一些不注重牢度的"地带"使用类似轻钢龙骨、石膏板等轻质隔墙材料，尽量少用黏土实心砖、射灯、铝合金门窗等。而在一些设计上也可以考虑放弃，比如绝大多数家庭只是偶尔使用的射灯和灯带，其实是造价不菲的设计，很可能成为一大浪费。完全可以通过材质对比、色彩搭配等各种手段，替代射灯和灯带。

此外，搬新居时，能继续使用的家具尽量不换。多使用竹制、藤制的家具，这些材料可再生性强，也能减少对森林资源的消耗。

低碳生活，家居业似乎已经领先一步。从环保材料到环保装修，从砍伐树木到建设速生林，从发光顶设计到太阳能灯具……

2. 交通篇

如果去 8000 米以外的地方，乘坐轨道交通可比乘汽车减少 1700 克的二氧化碳排放量。开车出门购物的人，请有计划购物，尽可能一次购足。

开车族避免冷车启动、减少怠速时间、尽量避免突然加速、选择合适挡位、避免低挡跑高速、用黏度最低的润滑油、定期更换机油、高速驾驶时不要开窗、轮胎气压要适当。

购买低价格、低油耗、低污染，同时安全系数不断提高的小排量车。多步行或骑自行车，乘坐轻轨或地铁。

3. 办公篇

多用电子邮件、微软网络服务等即时通讯工具，少用打印机和传真机。

在午餐休息时和下班后关闭电脑及显示器，可将这些电器的二氧化碳排放量减少1/3。

办公室内种植一些净化空气的植物，如吊兰、非洲菊等主要可吸收甲醛，也能分解复印机、打印机排放出的苯，并能咽下尼古丁。

我们每天都会收到商家发来的广告宣传品，大多数人将它们丢进垃圾桶，每天有那么多纸张白白地被当成垃圾一样扔掉，着实让人心疼，可以收集起来进行集中处理。

➡️ **知识点**

小排量车

按照一般定义，小排量车通常是指排量在1.0升左右的"微型汽车"，其油耗基本在每百千米5升以下，与排量在1.4升左右的轿车相比，每百千米要省4升油左右。

对于小排量车的划分，东西方国家的标准不尽相同，其中包含了观念上的因素，也有地域经济发达程度的原因。

西方国家划分小排量汽车的标准是排气量在1.6升以下的汽车；日本、韩国等国则将排气量在0.5~0.6升的汽车称为小排量汽车。在我国目前的经济条件下，小排量汽车的概念通常是指排气量在1.0升（含1.0升）以下的汽车。

🌱 **延伸阅读**

低碳生活与生活水平冲突吗？

实现低碳生活是不是意味着降低居民的生活水平？

一些居民认为，从节约资源能源、环保以及减少碳排放等角度看，实现低碳生活不仅是件大事，也是件好事。但从低碳生活的要求看，可能会降低人们好不容易提升起来的生活水平。

比如人们在生活水平提高的同时，希望通过购买汽车或者排气量大、性能更好的汽车来改善自己的出行条件，希望购买较大的住房来改善自己的居住条件，这些显然与低碳生活格格不入。

事实上，全面实现低碳生活与保持或提高市民生活水平之间并不冲突，它们的共同目的都是为了更好地改善人们的生存环境和条件，其中的关键是要找到一个结合点，探索一种低碳的可持续的消费模式，在维持高标准生活的同时尽量减少使用消费能源多的产品、降低二氧化碳等温室气体排放。

另外，低碳生活不是一个落后的生活模式，搞低碳经济并不一定会降低人们的生活品质。在低碳经济状态下，交通便利、房屋舒适宽敞是可以得到保证的，可以采取低碳技术来解决这些问题。

如城市中可以利用中水浇灌绿地，利用太阳能等可再生能源进行照明和日常使用，利用煤层气等清洁能源作为汽车的燃料，利用污水源、浅层水源、深层高温地下水源、土壤源等可再生能源热泵技术解决建筑的供热等。

在一些公园，使用的路灯、地埋灯、庭院灯、草坪灯都是有太阳能提供电源，而且所有的灯具中加入智能控制，实现了白天自动熄灯，晚上自动亮灯。当地市民在享受城市建设带来的身心愉悦的同时，无形中节约了能源资源，减少了碳排放。

环保行动，从我做起

随时关上水龙头

中国是世界上 12 个贫水国家之一，淡水资源还不到世界人均水量的 1/4。全国 600 多个城市半数以上缺水，其中 108 个城市严重缺水。地表水资源的稀缺造成对地下水的过量的开采。50 年代，北京的水井在地表下约 5 米处就能打出水来，现北京 4 万口井平均深达 49 米，地下水资源已近枯竭。

监护水源

据环境监测，全国每天约有 1 亿吨污水直接排入水体。全国 7 大水系中一半以上河段水质受到污染。35 个重点湖泊中，有 17 个被严重污染，全国 1/3 的水体不适于灌溉。90% 以上的城市水域污染严重，50% 以上城镇的水源不符合饮用水标准，40% 的水源已不能饮用，南方城市总缺水量的 60% ~ 70% 是由于水源污染造成的。

让水重复使用

地球表面的 70% 是被水覆盖着的，约有 14 亿千立方米的水量，其中有 96.5% 是海水。剩下的虽是淡水，但其中一半以上是冰，江河湖泊等可直接利用的水资源，仅占整个水量的 0.003% 左右。

水源污染

慎用清洁剂

大多数洗涤剂都是化学产品，洗涤剂含量大的废水大量排放到江河里，会使水质恶化。长期不当地使用清洁剂，会损伤人的中枢系统，使人的智力发育受阻，思维能力、分析能力降低，严重的还会出现精神障碍。

清洁剂残留在衣服上，会刺激皮肤发生过敏性皮炎，长期使用浓度较高的清洁剂，清洁剂中的致癌物就会从皮肤、口腔处进入人体内，损害健康。

关心大气质量

全球大气监测网的监测结果表明，北京、沈阳、西安、上海、广州这五座城市的大气中总悬浮颗粒物日均浓度分别在每立方米 200 微克 ~500 微克，超过世界卫生组织标准 3 倍 ~9 倍，被列入世界 10 大污染城市之中。

随手关灯

我国以火力发电为主、煤为主要能源的国家。煤在一次性能源结构中占 70% 以上。如按常规方式发展，要达到发达国家的水平，至少需要 100 亿吨煤当两的能源消耗，这将相当于全球能源消耗的总和，煤炭燃烧时会释放出大量的有害气体，严重污染大气，并形成酸雨和造成温室效应。

节用电器

大量的煤、天然气和石油燃料被用在工业、商业、住房和交通上。这些燃料燃烧时产生的过量二氧化碳就象玻璃罩一样，阻断地面热量向外层空间散发，将热气滞留在大气中，形成"温室效应"，"温室效应"使全球气象变异，产生灾难性干旱和洪涝，并使南北极冰山融化，导致海平面上升。科学家们估计，如果气候变暖

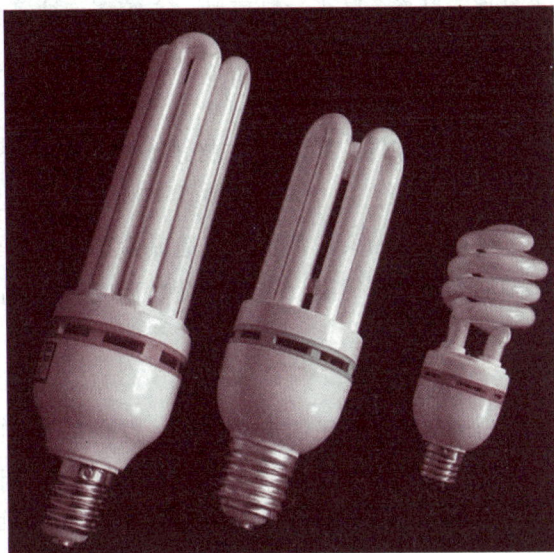

节能灯

的趋势继续下去，海拔较低的孟加拉国、荷兰、埃及、中国低洼三角洲等地及若干岛屿国家将面临被海水吞没的危险。

当"自行车英雄"

在欧洲，很多人为了减少因驾车带来的空气污染而愿意骑自行车上班，这样的人被视为环保卫士而受到尊敬。美国的报纸经常动员人们去超级市场购物时，尽量多买一些必需品，减少去超市的次数，以便节省汽油，同时减少空气污染。颇有影响的美国自行车协会一直呼吁政府在建公路时修自行车道。在德国，很多家庭喜欢和近邻用同一辆轿车外出，以减少汽车尾气的排放。为洁净城市空气，伊朗首都德黑兰规定了"无私车日"，在这一天，伊朗总统也和市民一道乘公共汽车上班。

用无铅汽油

使用含铅汽油的汽车会通过尾气排放出铅。这些铅粒随呼吸进入人体后，

会伤害人的神经系统，还会积存在人的骨骼中；如落在土壤或河流中，会被各种动植物吸收而进入人类的食物链。铅在人体中积蓄到一定程度，会使人得贫血、肝炎、肺炎、肺气肿、心绞痛、神经衰弱等多种疾病。

珍惜纸张

纸张需求量的猛增是木材消费增长的原因之一，全国年造纸消耗木材1000万立方米，进口木浆130多万吨，进口纸张400多万吨，这要砍伐多少树木啊！纸张的大量消费不仅造成森林毁坏，而且因生产纸浆排放污水使江河湖泊受到严重污染（造纸行业所造成的污染占整个水域污染的30％以上）。

控制噪声污染

噪声会干扰居民的正常生活，也会对人的听力造成损害。噪声对人的神经系统和心工程血管系统等有明显影响。长期接触噪声的人，会产生头痛、脑胀、心慌、记忆力衰退和乏力等症状。低频噪声使人胸闷、恶心。噪声还会影响消化系统，可以导致冠心病和动脉硬化。

维护安宁环境

英国规定，广告宣传、娱乐和商业活动不得使用音响设备，夜间不得在公共场所使用音响设备。

日本规定要控制餐饮业夜间作业产生的噪声和使用音响设备进行宣传产生的噪声为限；车辆不得产生影响他人的、不必要的噪声，禁止汽车不必要的空转。

选购环保产品

已被中国绿色标志认证委员会认证的环保产品有低氟家用制冷器具、无氟发用摩丝和定型发胶、无铅汽油、无镉汞铅充电电池、无磷织物洗涤剂、低噪声洗衣机、节能荧光灯等。这些环境标志产品上贴有"中国环境标志"的标记。该标志图形的中心结构是青山、绿水、太阳，表示人类赖以生存的环境。外围的10个环表示公众共同参与保护环境。

用无氟制品

臭氧层能吸收紫外线，保护人和动植物免受伤害。氟里昂中的氯原子对臭氧层有极大的破坏作用，它能分解吸收紫外线的臭氧，使臭氧层变薄。强烈的紫外线照射会损害人和动物的免疫功能，诱发皮肤癌和白内障，会破坏地球上的生态系统。

1994 年，人们在南极观测到了至今为止最大的臭氧屋空洞，它的面积有用 2400 平方千米。目前，最早使用氟里昂物质的 24 个发达国家已签署了限制使用氟里昂的《蒙特利尔议定书》，1990 年的修订案将发达国家禁止使用氟里昂的时间定位在 2000 年。1993 年 2 月，我国政府批准了《中国消耗臭氧层物质逐步淘汰方案》，确定在 2010 年完全淘汰消耗臭氧层物质。

选无磷洗衣粉

我国生产的洗衣粉大都含磷。我国年产洗衣粉 200 万吨，按平均 15％的含磷量计算，每年就有 7 万多吨的磷排放到地表水中，给河流湖泊带来很大的影响。

据调查，滇池、洱海、玄武湖的总含磷水平都相当高，昆明的生活污水中洗衣粉带入的磷超过磷负荷总量的 50％。大量的含磷污水进入水源后，会引起水中藻类疯长，使水体发生富营养化，水中含氧量下降，水中生物因缺氧而死亡。水体也由此成为死水、臭水。

水池中疯长的藻类

买环保电池

我们日常使用的电池是靠化学作用，通俗地讲就是靠腐蚀作用产生电能的。而其腐蚀物中含有大量的重金属污染物——镉、汞、锰等。当其被

DIQIU WO DE JIAYUAN

废弃在自然界时，这些有毒物质便慢慢从电池中溢出，进入土壤或水源，再通过农作物进入人的食物链。这些有毒物质在人体内会长期积蓄难以排除，损害神经系统、造血功能、肾脏和骨骼，有的还能够致癌。电池可以说是生产多少废弃多少；集中生产，分散污染；短时使用，长期污染。

选绿色包装

每人每天丢掉的垃圾重量超过人体平均重量的五六倍。北京年产垃圾430万吨，日产垃1.2万吨，人均每天扔出垃圾约1千克，相当于每年堆起两座景山。我国目前垃圾的产生量是1989年的4倍，其中很大一部分是过度包装造成的。不少商品特别是化妆品、保健品的包装费用已占到成本的30%～50%。过度包装不仅造成了巨大的浪费，也加重了消费者的经济负担，同时还增加了垃圾量，污染了环境。

少用一次性制品

那些"用了就扔"的塑料袋不仅造成了资源的巨大浪费，而且使垃圾量剧增。我国每年塑料废弃量为100多万吨，北京市如果按平均每人每天消费一个塑料袋计算，每个袋重4克，每天就要扔掉4.4克聚乙烯膜，仅原料就扔掉近4万元。如果把这些塑料铺开的话，每人每年弃置的塑料薄膜面积达240平方米，北京1000万人每年弃置的塑料袋是市区建筑面积的2倍。

自备购物袋

在德国，不少超市里的塑料袋不是免费提供的，这是为了减少塑料袋的使用。很多德国人买东西时，习惯提着布兜子，或直接将货物装到车上，不用塑料袋。一些家庭主妇为了少用塑料袋而挎着硕大的藤篮上街购物。德国的旅馆也不提供一次性的牙刷、牙膏、梳子、拖鞋。饭店里都使用不锈钢刀叉，高温消毒后再重复使用。

自备餐盒

环境浪潮使生产一次性产品的行业正在走下坡路，很多国家在开发生产可降解塑料，使其在使用过后能够在自然界中化解；有的国家已淘汰使用塑料，而用特种纸包装代替。很多国家提倡包装物的重复使用和再生处理。丹麦、德国规定，装饮料的玻璃瓶使节后经过消毒处理可多次重复使用，瑞典一家最大的乳制品厂推出一种可以重复使用 75 次的玻璃奶瓶；一些发达国家把制造木杆笔视为"夕阳工业"，开始生产自动铅笔。

回收废塑料

不少废塑料可以还原为再生塑料，而所有的废塑料——废餐盒、食品袋、编织袋、软包装盒等都可以回炼为燃油。1 吨废塑料至少能回炼 600 千克汽油和柴油，难怪有人称回收旧塑料为开发"第二油田"。

一次性餐具给环境造成污染

回收废电池

"痛痛病"和"水俣病"都是在日本发生的工业公害病。这是由于含镉或汞的工业废水污染了土壤和水源，进入了人类的食物链。

"水俣病"是汞中毒，患者由于体内大量的积蓄甲基汞而发生脑中枢神经和末梢神经损害，轻者手足麻木，重者死亡。

"痛痛病"是镉中毒，患者手足疼痛，全身各处都很容易发生骨折。得这种病的人都一直喊着"痛啊！痛啊！"，直到死去，所以被叫做"痛痛病"。

由于普通土干电池都含有这两种有毒金属元素，所以说电池从生产到废弃，时刻都潜伏着污染。电池的回收势在必行！

推动垃圾分类回收

垃圾回收再生是世界性的潮流和时尚，分类垃圾箱在许多国家随处可见，回收成为妇孺皆知的常识。欧盟各国自 1990 年以来为推行"零污染"的经

垃圾分类桶

济计划努力；德国开始实施循环经济和垃圾法，旨在要从"丢弃社会"变成"无垃圾社会"；奥地利制定法规，要求到 2000 年废物回收率达到 80%；法国要求回收 75% 的包装物，规定只有不能再处理的废物才允许填埋；瑞典的新法规要求生产者对其产品和平共处包装物形成的废物负有回收的责任；美国一些州政府从 1987 年开始制定了回收的地方法规。

制止偷猎和买卖野生动物的行为

《中华人民共和国野生动物保护法》规定：禁止出售、收购国家重点保护野生动物或者产品。商业部规定，禁止收购和以任何形式买卖国家重点保护动物及其产品（包括死体、毛皮、羽毛、内脏、血、骨、肉、角、卵、精液、胚胎、标本、药用部分等）。中国也是《濒危野生动植物种国际贸易公约》和成员国之一。

领养树

印度加尔各答农业大学德斯教授对一棵树的生态价值进行了计算：一棵 50 年树龄的树，产生氧气的价值约 31 200 美元；吸收有毒气体、防止大气污染价值约 62 500 美元；增加土壤肥力价值约 31 200 美元；涵养水源价值 37 500 美元；为鸟类及其他动物提供繁衍场所价值 31 250 美元；产生蛋白质价值 2 500 美元。除去花、果实和木材价值，总计创值约 196 000 美元。

无污染旅游

国际上已把对环境与自然生态总资源的核算作为衡量一个国家的富裕程度的内容之一，联合国公布的世界各国人均财富的报告中，澳大利亚的经济富裕程度虽然不及美、日等国，却因拥有丰富的自然生态资源而被排名为人均财富第一，中国被列为第 163 位。